氧化钼基纳米结构的构筑及其气敏和吸附性能

隋丽丽　陈国力　著

哈尔滨

图书在版编目（CIP）数据

氧化钼基纳米结构的构筑及其气敏和吸附性能 / 隋丽丽，陈国力著. -- 哈尔滨 : 黑龙江大学出版社，2021.8

ISBN 978-7-5686-0461-1

Ⅰ. ①氧… Ⅱ. ①隋… ②陈… Ⅲ. ①氧化钼－纳米材料－研究 Ⅳ. ① O614.61

中国版本图书馆 CIP 数据核字（2020）第 197321 号

氧化钼基纳米结构的构筑及其气敏和吸附性能
YANGHUAMU JI NAMI JIEGOU DE GOUZHU JI QI QIMIN HE XIFU XINGNENG
隋丽丽　陈国力　著

责任编辑　李　卉　肖嘉慧
出版发行　黑龙江大学出版社
地　　址　哈尔滨市南岗区学府三道街 36 号
印　　刷　哈尔滨市石桥印务有限公司
开　　本　720 毫米 ×1000 毫米　1/16
印　　张　13.75
字　　数　211 千
版　　次　2021 年 8 月第 1 版
印　　次　2021 年 8 月第 1 次印刷
书　　号　ISBN 978-7-5686-0461-1
定　　价　45.00 元

前　言

随着我国工业的迅速发展和人们生活水平的不断提高，环境问题日益受到人们的关注，开发能满足综合需求的新型功能材料成为科研工作者积极探索的目标。随着纳米技术的不断发展，金属氧化物基纳米材料已在污染物吸附、有毒有害气体检测方面展现出优良的性能。MoO_3是一种环境友好型的n型半导体金属氧化物，小尺寸效应和表面效应使其表现出很高的反应活性，而且其层状结构更有利于贵金属和金属氧化物的嵌入与复合，因而在气体传感和吸附等领域表现出极大的潜力。

气体传感器能实现对被检测气体的实时监控，因此具有实用价值和商业前景。气体敏感材料是气体传感器的核心，目前研究和使用的主要是半导体金属氧化物。MoO_3是过渡金属氧化物，由于具有量子尺寸效应、优良的物理及化学稳定性，已被应用于气体传感领域，其对很多挥发性有机化合物有很好的气敏性能。纳米材料的结构是影响其气敏性能的重要因素，目前报道的各种具有多级结构的金属氧化物，与其低维纳米材料相比，气敏性能均得到改善。因此，本书设计合成了由不同构筑单元组装的多级结构MoO_3纳米材料（由纳米棒、纳米片或纳米带构筑的多级结构MoO_3花，由纳米片和纳米粒子构筑的空心球），采用扫描电子显微镜（SEM）、透射电子显微镜（TEM）和X射线衍射仪（XRD）对其形貌和结构进行分析，对厚膜器件的气敏性能进行测试，并采用复合手段进一步改善了$\alpha-MoO_3$材料对目标气体特别是有机胺类化合物的气敏性能。此外，还测试了$\alpha-MoO_3$纳米材料对有机染料的吸附性能。

本书是在国家自然科学基金青年科学基金项目（No. 51802167）、黑龙江省自然科学基金青年项目(No. QC2018015)和黑龙江省省属本科高校基本科研业务费青年创新人才项目(No. 135409208)的资助下出版的。

本书由隋丽丽和陈国力共同编写,其中隋丽丽负责第 1 章到第 6 章及部分辅文内容,共计 12.5 万字;陈国力负责第 7 章到第 9 章及部分辅文内容,共计 8.6 万字。

虽然作者在本书编写过程中竭尽所能,但由于水平有限,本书不足之处在所难免,敬请各位读者批评指正!

目　　录

第1章 绪　　论

1.1 引言

随着石油、化工、煤炭、汽车等工业的飞速发展,大气污染日益严重,酸雨、温室效应和臭氧层的破坏引起了全世界的关注。此外,有毒、有害气体泄漏事件使人们深刻认识到气体监测的必要性。因此,对人类生存和生产环境中的各种有害及危险气体进行准确识别、低浓度检测和安全报警是非常重要的。

气体传感器是一种检测特定气体的传感器,其操作简便、响应快速,是目前探测并监控空气中痕量的有毒、可燃、易爆等气体的重要工具。它是由金属氧化物或金属半导体氧化物材料制备的,与目标气体相互作用时,在器件表面发生吸附或反应,引起以载流子运动为特征的电导率或表面电阻的变化,使与气体种类和浓度有关的信息转换成电信号,根据电信号的强弱获取目标气体在环境中的存在情况信息,通过接口电路与计算机相连,实现目标气体的自动检测、监控和报警。

除了空气质量令人担忧以外,由于工业废水的排放,水质污染日益严重。据统计,全球每年有超过 10 万种商业染料被排放,排放总量超过 7×10^5 t,这些染料多数为合成的有机染料,具有较强的毒性及致癌性,不能被生物降解,而且累积在生物体内容易引起疾病及生物功能紊乱。所以,在废水排放之前,有效去除其中的有机染料十分必要。目前,处理废水中有机染料的方法主要有生物法、吸附法、化学氧化法、光催化降解法和膜分离法等,其中吸附法由于简单、高效且低成本受到广泛关注。金属氧化物纳米材料具有优良的物理及化学稳定性和独特的表面活性，在吸附性能方面表现出潜在的应用价值。已报道的 MgO、NiO、Fe_2O_3和 WO_3等多孔纳米材料对染料具有良好的吸附性能，但金属氧化物纳米材料在吸附过程中存在易团聚、可利用的比表面积小、吸附性能受 pH 值和温度影响较大等缺点，限制了其在染料吸附方面的应用。

1.2 气体传感器概述

自 20 世纪中叶半导体晶体管发明以来，电子元器件得到了迅速发展，引发了对传感器的广泛研究。1952 年，Brattain 等人首次报道了金属锗表面的气敏现象；随后，Seiyama 等人发现了金属氧化物表面的气敏现象。直到 1962 年，Seiyama 等人提出将 ZnO 薄膜应用于气体传感器，才使得金属氧化物气体传感器得到开创性的研究。1968 年，市场上推出了 SnO_2基气体传感器，开创了半导体气体传感器的商业化历程，从此气体传感器开始实用化。SnO_2和 ZnO 金属氧化物是气体传感器领域被研究得最多的气敏材料，随着纳米技术的迅速发展，其他的金属氧化物如 Fe_2O_3、WO_3、TiO_2、In_2O_3等相继加入气敏材料的行列，这些材料的研究与开发为拓展气体传感器的气体测试范围及改善气敏性能做出了突出贡献。

气体传感器主要分为半导体气体传感器、固体电解质气体传感器、接触燃烧式气体传感器和电化学气体传感器等。其中，半导体气体传感器是基于金属氧化物或半导体金属氧化物的器件，工作时，气体与表面材料发生表面吸附或反应，引起表面电位或电导率的变化。半导体气体传感器因其稳定性高、结构简单、价格便宜、易于制备等优点成为目前应用最普遍、最具有实用价值的一类气体传感器。

1.2.1 半导体气体传感器的分类及结构

半导体气体传感器根据其气敏机制可以分为电阻式和非电阻式两种，如图 1 - 1 所示。电阻式半导体气体传感器主要是指半导体金属氧化物陶瓷气体传感器,是一类用金属氧化物薄膜制成的阻抗器件,当气体分子在薄膜表面进行还原反应时,能够引起电导率的变化。它具有制造简单、成本低廉、响应恢复快、灵敏度高等优点。缺点是工作时需要加热、对气体的选择性差、稳定性不高等。非电阻式半导体气体传感器电压或电流随着气体含量而变化,主要用来测定氢等可燃性气体。MOS - FET 气体传感器灵敏度高,但制作工艺比较复杂,成本高。

由于电阻式半导体气体传感器适用于绝大部分纳米材料,因此成为气体传感器研究的重点。进一步按照器件的组成结构进行分类,还可以将其分为薄膜型、厚膜型以及烧结型。制备薄膜的常用技术是溅射法,主要有磁控溅射法、高频溅射法和直流溅射法等,因为薄膜沉积工艺比较复杂,对仪器设备要求较高,所以薄膜型气体传感器尚未实现大范围的使用。

厚膜型气体传感器是将气敏材料(一般是金属氧化物,如 ZnO、SnO_2、TiO_2等)与一定比例的硅凝胶混合制成厚膜胶,再利用丝网印刷技术,将厚膜胶印刷到 Al_2O_3 的基片上。按照此工艺制成的厚膜型气体传感器有优异的可重复性与一致性,机械强度很高,适合批量生产,因此这种气体传感器已经实现了商业化。

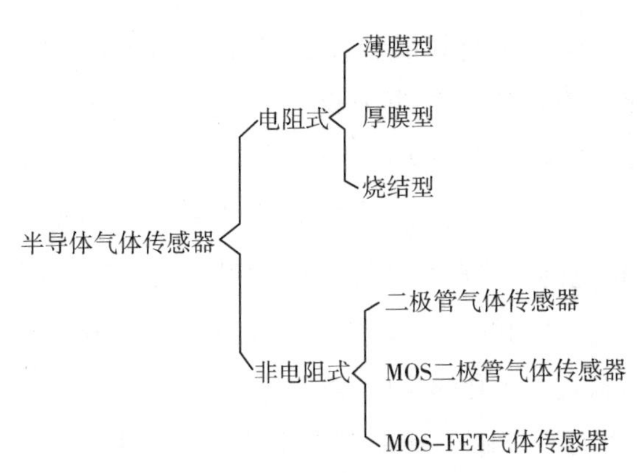

图 1 - 1 半导体气体传感器的分类

烧结型气体传感器也是一种广泛使用并已经商业化的气体传感器,根据加热方式的不同,烧结型气体传感器分为直热式气体传感器和旁热式气体传感器。直热式气体传感器的显著特点是测量电极和加热电极都被气敏材料包覆在元件的内部。旁热式气体传感器的基本结构由陶瓷管、信号电极和加热电极构成。陶瓷管用作支撑敏感材料的底物,信号电极为焊接在陶瓷管两端的4根 Pt 金属丝,加热电极为 Ni - Cr 合金金属丝。制备过程中,将气敏材料和黏合剂(如乙醇、松油醇等)涂覆在信号电极的陶瓷管上,将加热电阻丝贯穿于陶瓷管内部,最后将 Pt 丝和 Ni - Cr 合金金属丝的两端焊接在底座上。旁热式气体传感器如图1-2所示。

图1-2 旁热式气体传感器

1.2.2 半导体气体传感器的工作原理

在对气体传感器气敏材料的制备及气敏性质的探讨中,人们一直致力于气体传感器工作原理的研究,截至目前,对于气体传感器的气敏机理仍旧没有统一的定论,但是人们已经采取了一系列手段对气敏机理进行深入讨论。例如,利用X射线光电子能谱仪(XPS)来确定气敏材料表面元素价态的变化,利用气相色谱-质谱联用仪(GC-MS)来分析气体在接触气体传感器前后成分的变化,利用红外光谱仪(IR)来测定吸附在材料表面的气体分子是否与气敏材料发生了化学反应,等等。

目前,普遍公认的气敏机理模型主要为体电导控制型和吸附氧模型。体电导控制型气敏机理是指当气体传感器与目标气体接触后,气敏材料与目标气体反应,导致气敏材料结构与组成发生改变,从而引起气体传感器的电阻值升高或者降低的现象。而吸附氧模型是根据导电机制的不同将金属氧化物材料划分为依靠电子导电的n型半导体金属氧化物以及靠空穴导电的p型半导体金属氧化物。以n型半导体金属氧化物 TiO_2 纳米带为例(对乙醇的气敏机理):当金属氧化物置于空气中时,O_2 被吸附在纳米材料表面,并从导带捕获电子形成化学吸附氧(O_2^-,O^-,O^{2-}),从而在纳米结构表面形成电子耗尽层,此时材料的电导率降低,在空气中有较高的电阻。当n型半导体金属氧化物(ZnO、SnO_2、TiO_2、In_2O_3、MoO_3)与还原性气体(H_2、H_2S、C_2H_5OH)接触时,气体与气体传感器表面的氧反应并给予电子,使材料的电导率升高,纳米结构表面电阻降低;当n型半导体金属氧化物与氧化性气体接触时,情况相反。

p型半导体金属氧化物的气敏机理与n型半导体金属氧化物的气敏机理大致相同。当p型半导体金属氧化物与还原性气体接触时,气体吸附于p型半导体气敏材料的表面,载流子数量减少,电导率降低,电阻升高;当p型半导体金属氧化物与氧化性气体接触时,情况相反。

1.2.3 半导体气体传感器的应用

空气污染一直是影响人们生活和身体健康的重大问题,世界卫生组织都已经将空气质量列为考核环境健康的一个重要指标。随着生活水平的提高和对环保的日益重视,人们对各种有毒、有害气体的监测,对居住的环境质量的检测和对大气污染、工业废气的监控都提出了更高的要求。由于气体传感器能实时监测气体的浓度,因此气体传感器的应用范围也越来越广泛,所占的地位也越来越重要。

(1)环境质量的检测:工厂生产过程中排放的废气及汽车尾气中含有的气体是造成大气污染、酸雨、温室效应及雾霾的重要原因,因此可以利用气体传感器对空气中抽取的NO_x、NH_3、H_2S、SO_2、Cl_2等气体样品进行检测,以确定空气污染程度,从而采取有效措施进行整治。

(2)易燃易爆和有毒有害气体的监控:此类监控通常用在石油化工厂、矿山、加油站以及办公室、工厂和居室等装修后的密闭空间中,以气体的浓度作为是否报警的依据。

(3)酒精浓度的探测:通过检测呼气中的酒精含量,可判断驾驶员醉酒程度。酒精探测器中最重要的气敏元件一般采用SnO_2,由于气体传感器中电阻值与酒精浓度成比例变化,所以当探测到的酒精浓度不同时,酒精探测器展示出的数值也不同,由此判断驾驶员的醉酒程度。

(4)医疗部门和食品行业:根据病人呼出的气体及食品在变质过程中释放的特定气体的浓度,与该气体的限定值相比较,来确定病人的病情及食品的新鲜度,这也是气体传感器比较热门的应用之一。

1.2.4 半导体气体传感器的研究现状与发展趋势

我国研制金属氧化物半导体气体传感器起源于20世纪70年代中期,主要应用于家用燃气报警器和电力工业变压器油变质监测。近年来我国的气体传感器技术飞速发展,在新功能纳米气敏材料的研究方面有了很大提升。

基于目前半导体气体传感器的发展状况,未来半导体气体传感器可以向以下方向发展:

(1)为提高气敏性能,合成特殊结构的纳米材料,如垂直排列状、花状、分层树突状,并负载纳米粒子或掺杂不同元素,制备复合纳米结构金属氧化物气敏材料。

(2)注意特定的金属氧化物和气敏元件结构的工作温度,要考虑到气敏响应和能源消耗之间的优化平衡。

(3)研发能在室温下探测低浓度或是微量目标气体的气体传感器。

(4)开发能在恶劣条件下使用的气体传感器。

(5)在已有的研究基础上,研究各种制备技术来提高气敏材料的整体性能和表面结构。

1.3 不同形貌 MoO_3 纳米材料的制备及气敏性能

纳米材料在广义上指三维尺寸中至少有一维是纳米尺寸。纳米材料根据维数可以分为零维纳米材料、一维纳米材料、二维纳米材料和三维纳米材料。随着物质的超微化,纳米材料表面电子结构和晶体结构发生了既不同于宏观物质也不同于微观原子的一系列效应,如小尺寸效应、量子尺寸效应、表面效应、界面效应,以及宏观量子隧道效应等。这些效应使得纳米材料拥有一系列优异的光、磁、电、力、化学等宏观特性，所以近年来在世界范围内掀起了对纳米材料的研究与应用热潮。纳米材料被誉为21世纪最有前景的材料。

纳米材料，特别是结构与尺寸可控的半导体金属氧化物由于具有较高的反应活性，已被广泛用作气敏材料，如 SnO_2、WO_3、MoO_3、Fe_2O_3、ZnO 和 In_2O_3等，它们在气体传感器的研究中展现出很高的灵敏度和较短的响应恢复时间等，但选择性不高这一弊端极大地限制了这些材料在复杂环境中的实际应用。MoO_3是一种重要的功能材料，还是一种环境友好的 n 型半导体金属氧化物，在催化剂、场发射、电化学、气体传感器、气致变色和光致变色等领域得到了广泛的研究与应用，尤其是在气体传感器领域，由于它特有的小尺寸效应和表面效应能够表现出较高的反应活性，因此日益受到科学工作者的关注。目前，对 MoO_3 气体传感器的研究大多集中在低维纳米结构上，如零维的纳米粒子、一维的纳米线和纳米棒、二维的纳米片，测定的气体有 H_2、NH_3、C_2H_5OH、NO、NO_2、CO、CH_4等。

MoO_3晶体的结构非常独特，以 MoO_6 八面体为基本的构筑单元，如图 1-3 所示，有 3 种物相。当 MoO_6八面体共用边和角时，形成了“之”字形的链和独特的层状结构，层与层之间存在较弱的分子间作用力，形成正交相的 MoO_3（$\alpha-MoO_3$）；当 MoO_6八面体共用角时，形成了扭曲的立方体，也就是六方相 MoO_3（$\beta-MoO_3$）；当 MoO_6八面体的链通过 *cis*-位连接时，则形成了单斜相 MoO_3（$h-MoO_3$）。$\alpha-MoO_3$是热力学稳定相，而$\beta-MoO_3$和 $h-MoO_3$是热力学亚稳相，同时 $\alpha-MoO_3$具有独特的层状结构，故成为目前研究的主体。

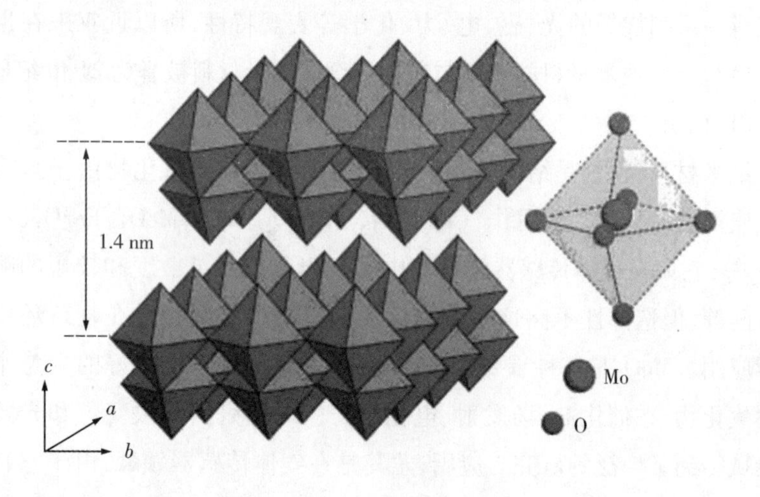

图 1－3　MoO_3的晶体结构图

1.3.1　一维 MoO_3纳米材料的制备及气敏性能

一维纳米材料是指在空间上有两个维度处于纳米尺度,长度为宏观尺度的新型纳米材料。目前已经制备的一维 MoO_3 纳米材料主要包括纳米棒、纳米纤维、纳米管和纳米带等。众所周知,材料的形貌与其比表面积及电子的传输密切相关,而一维半导体金属氧化物纳米材料由于具有很大的比表面积和独特的物理及化学性能,轴向势垒降低,为电信号的快速传递提供了途径,从而迅速成为当今气敏材料的研究热点。关于 MoO_3纳米材料在气体传感器中的应用,目前也多集中在一维结构的研究上,因此其制备方法非常成熟,常用的方法主要包括水热法、化学气相沉积法、热氧化法、静电纺丝法等。

水热法是制备纳米材料的一种常用方法。例如,Wang 等人以乙酰丙酮氧钼为钼源,以浓硝酸和去离子水的混合液来调节溶液的 pH 值,在酸性条件下水热反应制备了超长纳米带,纳米带的长度为 200 ~ 300 nm。Shakira 等人将 MoO_2粉末和 H_2O_2混合,同时加入盐酸调节溶液的 pH 值至 2,在 180 ℃水热反应制备出直径约为 50 nm 的 MoO_3 纳米棒,如图1－4(a)所示。Dewangan等人将 MoO_3粉末溶解在 NaOH 和去离子水配制的溶液中,并加入

$NH_2OH \cdot HCl$，搅拌后分离处理得到前驱体，再将上述前驱体溶于去离子水中并滴入浓硝酸，水热反应制备 MoO_3 纳米纤维。

除了采用水热法制备一维的 MoO_3 纳米材料以外，还有一些比较有效的方法。Gouma 等人以异丙醇钼为原料，聚乙烯吡咯烷酮（PVP）为溶剂，在注射泵针末端与铝接收器之间加 20 kV 直流电压，采用静电纺丝法合成直径为 20～100 nm、长为 1～2 μm 的 MoO_3 纳米线。Li 等人也采用静电纺丝法得到 MoO_3 纳米纤维，将钼酸铵溶于浓度为 50% 的乙醇溶液中，然后逐步滴加浓度为 10% 的聚乙烯醇溶液，得到溶胶后再通过静电纺丝法合成。Zhou 等人采用气相沉积法，以 Si 作为基片，在真空条件下将 Mo 金属块体（120 mm × 15 mm × 3 mm）在 1100 ℃加热，然后通入氩气，则基片表面变黑（生成 MoO_2 纳米线阵列），再通入氩气和氧气的混合气，并在 400 ℃热处理，生成直径为 50～120 nm、长度为 4 μm 的 MoO_3 纳米线，如图1－4（b）所示。Zheng 等人在冰水浴条件下，将 Mo 金属溶于 H_2O_2 中形成溶胶，再将一部分溶胶均匀铺在铜箔基片上，使之干燥后形成晶种，与剩余溶胶共同通过溶剂热反应得到 MoO_3 纳米棒阵列。

图 1－4 （a）水热法制备的 MoO_3 纳米棒和（b）气相沉积法制备的 MoO_3 纳米线阵列的 SEM 图

目前，与其他维度的纳米材料相比，对一维 MoO_3 纳米材料气敏性能的研究比较多。Yang 等人采用水热法在 120～200 ℃制备了（001）方向择优生长的 MoO_3 纳米丝带，在叉指电极上自组装成膜形成气敏元件。随着反应温度的升高，材料的灵敏度提高，并且响应恢复时间也随之缩短。其中 200 ℃水热反应制备的材料在室温时对H_2的气敏性最好，对 1000 ppm① H_2的灵敏度为 90%，响应时间为 14.1 s，最低检测限可以达到 500 ppb②，其形貌如图 1-5 所示。材料表面的化学吸附氧与H_2之间发生了氧化还原反应，而且较高的反应温度可以增大材料的比表面积和Mo^{5+}含量，从而增加了表面吸附氧的量。

图 1-5　水热法合成的MoO_3纳米丝带的 SEM 图

Bai 等人采用超声波法合成了MoO_3纳米棒，其形貌如图 1-6 所示，在 290 ℃时对NO_2有较高的灵敏度，对 40 ppm NO_2的灵敏度为 103。气敏机理被认为是材料的表面吸附氧与被测气体之间发生的氧化还原反应。Chu 等人也采用超声波法合成了MoO_3纳米棒，在工作温度为 300 ℃时，对三甲胺的最低检测限为 0.01 ppm，对 1 ppm 三甲胺的响应、恢复时间分别为 8 s 和 9 s。Mo 等人将$(NH_4)_6Mo_7O_{24}\cdot 4H_2O$溶于水中，再加入盐酸。然后，在 160 ℃下水热反应 15 h，得到了$\alpha-MoO_3$纳米带，并研究了$\alpha-MoO_3$纳米带气体传感器对乙醇、甲醇和丙酮蒸气的气敏性能。$\alpha-MoO_3$纳米带气体传感器在 300 ℃工作温度下对 800 ppm 乙醇蒸气的灵敏度为 174，远强于对甲醇和丙酮蒸气的响应。一般情况下，对乙醇蒸气（5～800 ppm）的响应时间随工作温度的升高而缩短，250 ℃时为 33 s，400 ℃时为 9～14 s，而恢复时间随乙醇蒸气浓度的增加而缩短。

---

① 1 ppm = 0.0001%。

② 1 ppb = 0.001 ppm = 0.0000001%。

图1-6 超声波法合成 MoO_3 纳米棒的 SEM 图

Wang 等人将 MoO_3 粉末与二次去离子水混合，然后逐滴加入硝酸(67%)，在 180 ℃水热反应 24 h 得到结晶/无定形的核/壳(C/A-C/S) MoO_3 棒状材料。该材料对乙醇的灵敏度有所提高，在 180 ℃对 500 ppm 乙醇的灵敏度为 56，而且响应恢复时间均不超过 40 s。最佳工作温度为 180 ℃，是目前报道的 MoO_3 及其复合材料中工作温度较低的。本体的晶格氧催化氧化了乙醇气体，从而导致气体传感器电阻发生变化，而乙醇最终被氧化成乙醛和水。气敏性能的改善主要是由于 C/A-C/S MoO_3 纳米材料在反应过程中产生大量的氧空位和自由电子。

1.3.2 二维 MoO_3 纳米材料的制备及气敏性能

二维纳米材料是指材料在一个维度上的尺寸在纳米标准范畴内，另外两个维度上却超出了纳米标准范畴。常见的二维纳米材料包含纳米片、纳米膜等。主要的制备方法包括溶胶-凝胶法、磁控溅射法、化学热解法、气相沉积法等。

在制备 MoO_3 薄膜产品时最常用的方法是溶胶-凝胶法。Dhanasankar 等人在 275 ℃时加热钼酸铵，然后将此粉末分散在 2-甲氧基乙醇中并滴入浓盐酸，再将 FTO 玻璃基底浸渍在其中一段时间，最后将其在 400 ℃热处理 1 h，得到 MoO_3 薄膜。

磁控溅射法也是制备 MoO_3 薄膜材料较为常用的方法之一。Ferroni 等人采用磁控溅射法，以金属钼为靶材，溅射在不同的基底上得到了 MoO_3 薄膜，此器件用以快速检测 NO_2。Uthanna 等人也采用磁控溅射法，以金属钼为钼源，在溅射过程中通过调节基底的温度，得到了不同构筑单元组成的 MoO_3 纳米薄膜。

Pandeeswari 等人则以普通玻璃为基底，事先在 250 ℃加热的条件下，以钼酸铵溶液为钼源，通过喷雾热解法制备出 MoO_3 薄膜。将制备的材料用于三甲胺气体的测试，发现薄膜厚度对气敏性能的影响较大，膜厚度为520 nm 的材料对三甲胺的响应最好，在室温下，对 0.5 ppm 三甲胺的灵敏度为 12%，响应恢复时间分别为 32 s 和 15 s，其形貌如图 1－7(a)所示。同样，气敏机理也遵循表面电阻控制模型，三甲胺最终被氧化为 N_2、CO_2 和 H_2O，并释放出电子。

Chen 等人将 $MoO_3 \cdot H_2O$ 分散到无水乙醇和正辛胺混合溶液中，并在室温下搅拌 72 h，得到沉淀后，550 ℃下热处理得到单晶 $\alpha-MoO_3$ 纳米片，纳米片的边长为 1～2 μm，厚度为几纳米，并沿着(010)方向择优生长。将制备的 $\alpha-MoO_3$ 纳米片制成气体传感器，在 300 ℃对乙醇、甲醇、丙酮、甲醛和苯进行测定，气体传感器对乙醇表现出很高的选择性及灵敏度，对 800 ppm 乙醇的灵敏度为 58，响应时间小于 15 s。

Prasad 等人分别采用溶胶－凝胶法和离子束沉积法制备了 MoO_3 薄膜型气体传感器，并测试了 NH_3 气敏性能。采用离子束沉积法制备的 MoO_3 薄膜型气体传感器对 NH_3 有良好的选择性。500 ℃热处理 8 h 气敏性能最佳，对 NH_3 的响应时间为 15～20 s，恢复时间为 2 min。

Shen 等人采用简单的溶剂热法合成了具有氧空位的二维超薄多孔 $\alpha-MoO_3$ 纳米薄片，如图 1－7(b)所示。前驱体的厚度达到 14 nm，表面孔径为 2～10 nm。将 400 ℃热处理的 $\alpha-MoO_3$ 纳米片组装成气体传感器。该气体传感器在相对较低的工作温度(133 ℃)下对三甲胺气体的响应速度最快。该气体传感器对 50 ppm 三乙胺气体的响应时间为 198 s，检测限为 20 ppb。

(a) (b)

图 1-7 (a)喷雾热解法制备的厚度为 520 nm 的 MoO_3 薄膜 $\alpha-MoO_3$（插图显示了单个纳米晶体的交错界面）；(b)溶剂热法制备的 $\alpha-MoO_3$ 纳米片

Qin 等人用简单的固相化学反应法合成了特殊的$\alpha-MoO_3$纳米板阵列，在较宽的浓度范围内对二甲苯表现出良好的响应，工作温度为 370 ℃时，对 100 ppm 二甲苯的灵敏度为 19.2，响应时间为 1 s，恢复时间为 15 s。与未组装的纳米板相比，$\alpha-MoO_3$纳米板阵列不仅具有更好的选择性，而且对二甲苯的检测限更低。$\alpha-MoO_3$纳米板阵列对 100 ppm 二甲苯的灵敏度是未组装纳米板的 3 倍。纳米板阵列优异的气敏性能归因于择优生长的活性晶面和相对较大的比表面积。

Alsaif 等人以 MoO_3为原料，以乙腈为溶剂，研磨后将粉末分散在乙醇和水的混合液中，采用声波降解法制备了 $\alpha-MoO_3$纳米片，分别以 Si 和玻璃作为基底，制成气体传感器用于 H_2的探测。以 Si 为基底时，对 1% 的 H_2的灵敏度为 50%，响应时间和恢复时间分别为 7 s 和 24 s。气敏性能的改善主要是由于薄膜中纳米片相互堆积的层状结构，使得气体分子的渗透更加有效，气敏机理图如图 1-8 所示。

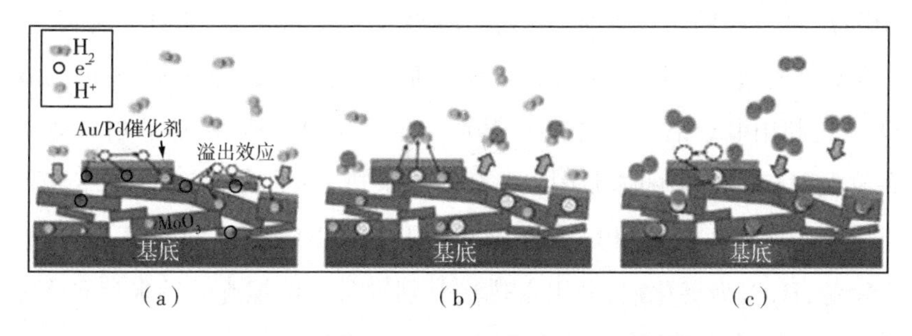

(a) (b) (c)

图 1-8 (a)、(b) MoO_3薄膜器件与 H_2接触时以及(c)与空气接触时的反应机制

1.3.3 多级结构 MoO_3 的制备

近年来,三维多级结构氧化物作为一种新兴的材料,其特有的空间多维结构能保持纳米材料原有的物理化学特性,而且这种多级结构可以提供更多的活性表面,有利于电子在表面的传输以及气体分子在表面的吸附与脱附,在改善材料的气敏性能方面表现出极大的潜力。此外,多级结构的 SnO_2、ZnO、WO_3、Fe_2O_3、In_2O_3、NiO 和 Co_3O_4 等金属氧化物材料在提高检测气体的灵敏度、缩短响应恢复时间、降低工作温度等方面也显示出极大的优势。例如,Kim 等人以水热法合成了多级结构 SnO_2 微球,与 SnO_2 实心微球相比,对 30 ppm 乙醇的灵敏度从 7 提高到 18,响应时间从 90 s 缩短至 1 s;Choi 等人采用溶剂热法合成了花状的多级结构 In_2O_3 纳米材料,与市售的 In_2O_3 粉末相比,对 30 ppm CO 的灵敏度提高了 2.3 倍,响应时间从 166 s 缩短至 4 s;Song 等人采用水解法制备了 $\alpha-Fe_2O_3$ 单晶纳米棒构筑的 $\alpha-Fe_2O_3$ 空心微球,该材料与 $\alpha-Fe_2O_3$ 纳米粒子相比,对乙醇气体具有更高的灵敏度。由此可见,多级结构材料的出现有效地改善了气敏材料的气敏性能。

目前有关多级结构 MoO_3 的报道较少,主要形貌为由纳米颗粒组成的空心球和由低维的纳米带、纳米纤维、纳米片构筑的纳米花。制备方法主要有水热法、微波水热法、超声分解法、模板法、快速火焰法、气相沉积法、共沉淀法等。

Wang 等人采用水热法制备了前驱体,经 500 ℃ 热处理得到表面粗糙的 MoO_3 空心球,空心球的直径为 1 ~ 2 μm,如图 1 - 9 所示。Dhas 等人采用超声分解法处理 $Mo(CO)_6$ 和 SiO_2 纳米球的混合浆料,产物为表面包覆 MoO_3 的 SiO_2 微球,将微球用含有 10% HF 的乙醇溶液洗涤,得到了 MoO_3 空心球。

Wei 等人通过微波水热法,在 Si 基底上直接长出纳米带构筑的花状 MoO_3。先利用电子束蒸发法在 Si 基底上镀一层 Mo 薄膜,然后将镀膜的 Si 基底放在 Mo 和 H_2O_2 的体系中,90 ℃ 微波水热 2 min,得到了由微米级纳米带组成的花状 MoO_3,如图 1 - 10(a) 和图 1 - 10(b) 所示。Li 等人以金属 Mo 粉为钼源,H_2O_2 为氧化剂,采用水热法分别制备了由螺旋的纳米片和十字交叉的纳米带构筑的花状 MoO_3,如图 1 - 10(c) 和图 1 - 10(d) 所示。

Cai 等人引入 Au 纳米粒子作为成核位置，采用快速火焰法将 MoO_x 气相沉积在 Si 基底上，得到了以 Au 为中心，单晶 MoO_3 纳米带在其周围生长的花状纳米结构。

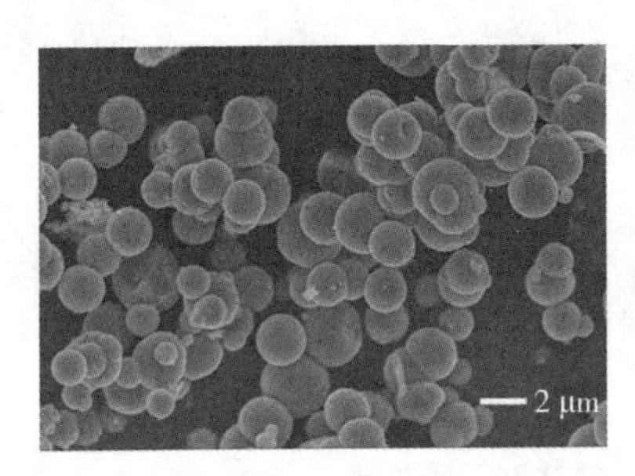

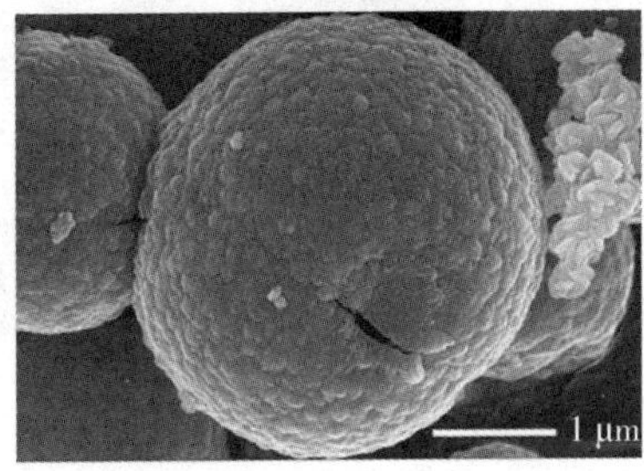

图 1-9 水热法制备的 MoO_3 空心球的 SEM 图

(a) (b)

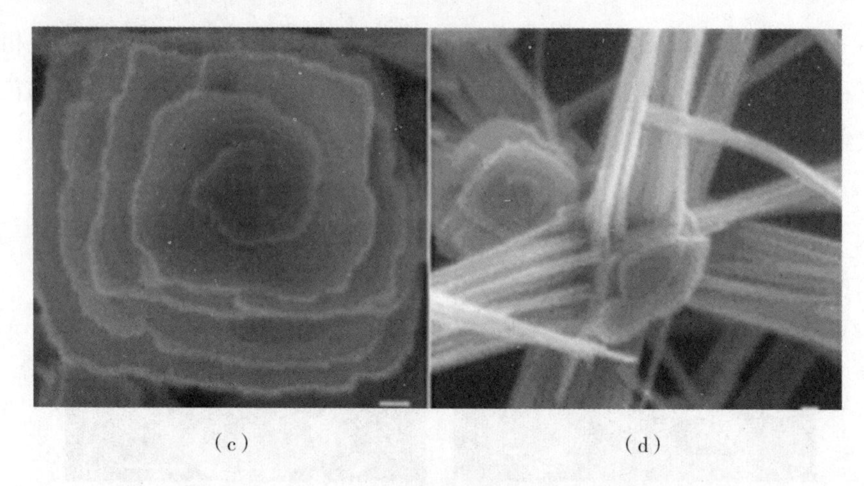

图 1-10 (a)、(b)微波水热法制备的花状 MoO_3；(c)螺旋花状以及(d)十字交叉纳米带状的 MoO_3 的 SEM 图

Wang 等人以钼酸铵为钼源，以十六烷基三甲基溴化铵为共沉淀剂，采用十六烷基三甲基溴化铵辅助水热处理，制备出由纳米带构筑的花状 MoO_3。此外，通过调节水热体系的温度、反应时间、酸及添加剂的浓度，还合成了由纳米片和纳米棒多种构筑单元组成的多级结构 MoO_3，如图 1-11 所示。

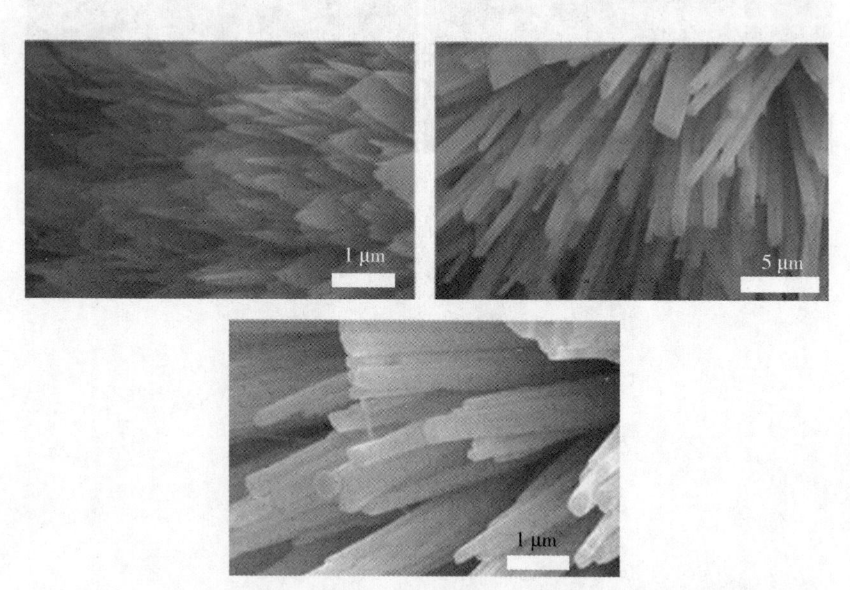

图 1-11 水热法制备的不同构筑单元组装的花状 MoO_3 的 SEM 图

Yu 等人以 VO_2 纳米阵列为模板剂，采用湿化学法制备了多级结构 MoO_3。首先将矾酸钠溶解在二次去离子水中，用乙二酸调节体系的 pH 值至 2，以 Ti 作为基底，120 ℃水热反应 12 h，制得 VO_2 纳米阵列。然后以其为模板，置于 $Na_2MoO_4 \cdot 2H_2O$ 水溶液中，用 HCl 调节体系的 pH 值至 1，120 ℃水热反应 12 h，得到 MoO_3 纳米棒构筑的阵列，其中 MoO_3 纳米棒是沿着(110)方向择优生长的，如图 1－12 所示。

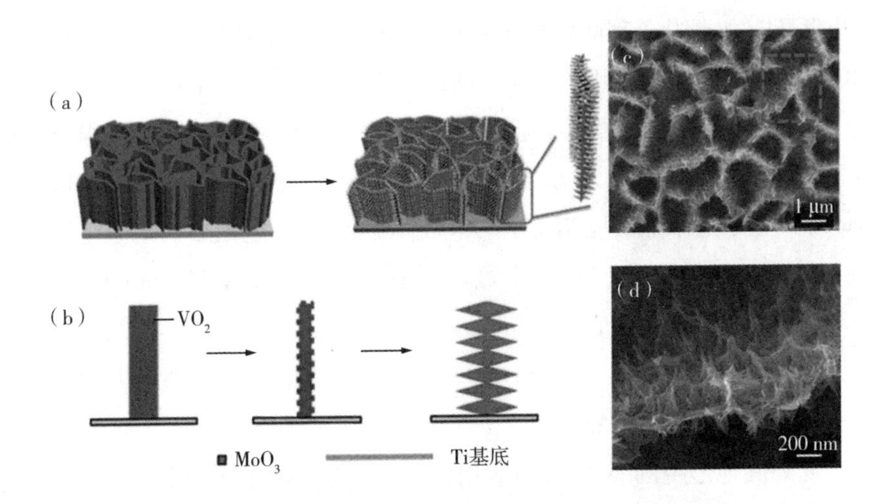

图 1－12 (a) VO_2 和 MoO_3 的纳米结构示意图；(b) MoO_3 多级结构生长机理图；(c) 多级结构 MoO_3 的低倍率和(d) 高倍率 SEM 图

1.4 MoO_3 纳米材料在其他领域的应用

1.4.1 在锂离子电池领域的应用

MoO_3 是公认的 Li^+ 嵌入化合物，有很高的理论比容量($1111\ mA \cdot h \cdot g^{-1}$)，大约是传统的电极材料石墨的 3 倍，而且 MoO_3 具有独特的层状结构，既可作为阴极材料又可作为阳极材料，因此在锂离子电池领域被广泛研究。

MoO_3在锂离子电池领域的应用研究多集中在一维的纳米材料上。如Wang等人将水热法制备的MoO_3超长纳米带作为锂离子电池的阳极，研究了分别用羧甲基纤维素钠和藻酸钠作为黏合剂时电池容量的变化。当以羧甲基纤维素钠为黏合剂，放电倍率0.1 C时，经200次循环，电池容量仍高达730 $mA \cdot h \cdot g^{-1}$。Mai等人以离子交换法制得的$MoO_3 \cdot nH_2O$溶胶为反应原料，通过水热反应制备了MoO_3纳米带，然后将纳米带浸泡在LiCl中锂化处理2天，再次进行水热反应。研究发现，经锂化处理的纳米带具有更高的充放电循环能力，锂化处理前后电池的初次放电比容量分别为301 $mA \cdot h \cdot g^{-1}$和240 $mA \cdot h \cdot g^{-1}$，在循环了15次以后，电池容量仍为原来的92%，高于未锂化MoO_3纳米带的60%。传输测试结果表明，Li^+已经通过锂化过程成功嵌入MoO_3的层状结构中，说明锂化过程可以有效提高锂离子电池的循环能力。Gao等人也通过水热反应制备了纳米带，制成锂离子电池后初始放电比容量为455 $mA \cdot h \cdot g^{-1}$，经过30个循环后衰减了18%，为372 $mA \cdot h \cdot g^{-1}$。Sun等人采用水热法合成出单晶MoO_3纳米带，然后直接将MoO_3纳米带浆料刮涂在Cu箔上，如图1－13所示。这种MoO_3膜电极的锂离子电池性能良好，可逆比容量为1000 $mA \cdot h \cdot g^{-1}$，电容保持率比较稳定。

此外其他形貌的MoO_3也可以用作锂离子电池的电极材料。如，Riley等人采用化学气相沉积法制备了MoO_3纳米颗粒，将其作为锂离子电池的阳极，电池比容量高达1050 $mA \cdot h \cdot g^{-1}$。Tao等人将MoO_3粉末和石墨（质量比为1∶1）通过球磨处理后用作锂离子电池的阳极，经120次循环，比容量由初次放电的745 $mA \cdot h \cdot g^{-1}$衰减为700 $mA \cdot h \cdot g^{-1}$。

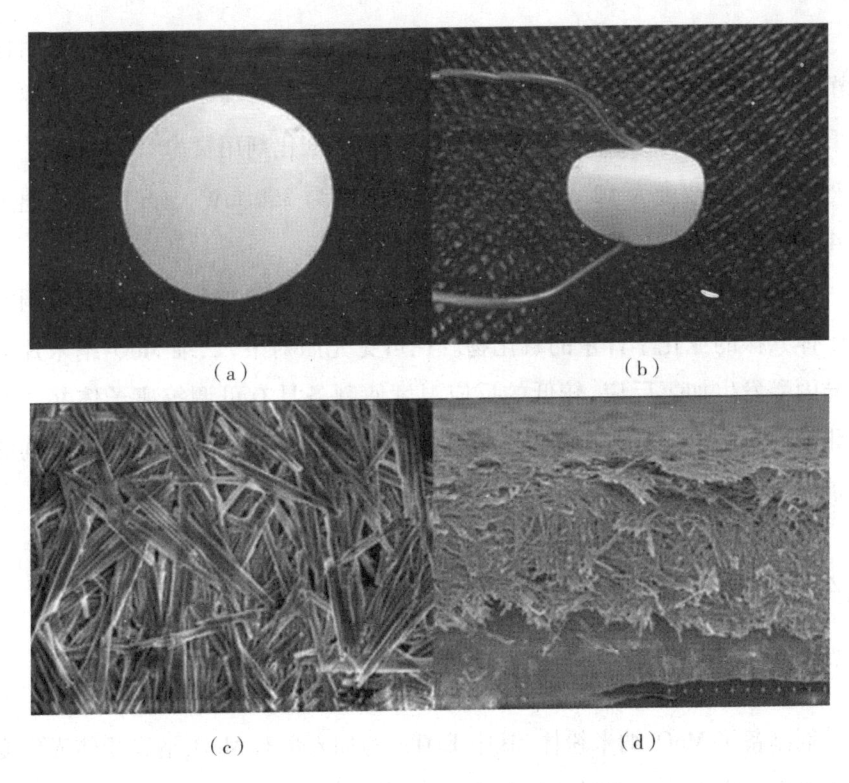

图 1-13 (a)、(b)MoO_3涂覆在 Cu 箔集电器上的照片；
(c)MoO_3电极表面和(d)截面的 FESEM 图

1.4.2 在光催化领域的应用

在过去的几十年里，科研工作者一直在探寻合适的光催化剂用以降解空气和水中的有害有机污染物。目前，用太阳光或其他光作为能源，在常温常压下将有机污染物完全降解成 CO_2、H_2O 及其他无毒产物是光催化材料研究追求的目标之一。MoO_3半导体材料在特定波长光的照射下，表面受激发产生电子-空穴对，可以在适当的介质中发生氧化还原反应分解有机污染物，而且 MoO_3本身可反复使用。

MoO_3在光催化领域多用来降解有机染料。Chen 等人采用水热法合成了单晶 MoO_3纳米带，用于催化降解甲基蓝水溶液，研究发现，MoO_3纳米带在 40 min 后对甲基蓝的光催化降解率可达到 90% 以上。

Chithambararaj 等人未使用模板剂，以钼酸铵、水、HNO_3为原料，采用化学沉降法制备了 $h-MoO_3$纳米晶体，热处理后得到 $\alpha-MoO_3$，通过降解罗丹明 B 研究了MoO_3的光催化性质。研究发现，当催化剂用量为 100 $mg\cdot L^{-1}$，罗丹明 B 染料浓度为 12 $mg\cdot L^{-1}$，可见光强度为 350 $mW\cdot cm^{-2}$，操作温度为 45 ℃时，材料有较高的光降解性能。

Razmyar 等人研究了二维 MoO_3纳米片通过光催化加氢形成具有可调等离子体共振的亚化学计量的氧化物。在可见光照射下，二维 MoO_3纳米片与纯异丙醇发生加氢反应，较低的反应温度使制备具有可调等离子体共振的亚化学计量的氧化物成本降低。该反应机理可推广到其他 MoO_3纳米结构的光催化过程中，以提高其利用太阳能的效率。

1.4.3 在光致变色领域的应用

MoO_3材料在光致变色领域也表现出优异的性能。Yan 等人以 EDTA 为诱导剂制备了 MoO_3纳米粉体，其中 EDTA 的加入量对 MoO_3纳米粉体光致变色性能有一定影响：当EDTA与 Mo^{6+}的原子比为 0.05∶1 时，制得的材料的性能最好，经 2 min 光辐照后，色差值最大可达 19.3。Shen 等人以甲醛为诱导剂，采用水热法制备了花状 MoO_3纳米材料，比较了加入甲醛前后 MoO_3性能的差异，经 5 min 汞灯照射后，加入甲醛诱导剂得到的花状 MoO_3的色差值为 13.8，比未使用诱导剂的产物色差值高。

1.5 金属氧化物复合材料的制备及气敏性能研究

半导体气体传感器的核心是气敏元件，气敏元件大多以半导体金属氧化物为主，包括 ZnO、SnO_2、TiO_2、In_2O_3、WO_3、Fe_2O_3等。但是选择性和稳定性差以及工作温度较高等限制了半导体金属氧化物气体传感器在很多领域的应用。研究表明，通过形成异质结构、负载贵金属、复合金属盐等手段对半导体金属氧化物材料进行改性，使两种晶格匹配的材料相互接触，能形成具有晶格失配和化学梯度作用的异质界面。由于该界面上电子发生跃迁，异质结构材料具有择优的吸附/脱附活性，能提高材料的导电能力和选择性，从而改善材料的气敏性能。因此，氧化物复合纳米材料的开发与应用成为新型气敏材料的发展方向。

1.5.1　金属负载金属氧化物的气敏性能

为了改善金属氧化物材料的气敏性能，除了控制材料的形貌以外，在金属氧化物表面负载贵金属（Pt、Pd、Ag、Au）也是提高材料气敏性能简单而有效的手段。常用的贵金属负载金属氧化物的方法有溅射沉积法、光化学沉积法、水热法、静电纺丝法、表面活性剂修饰法等。

Yuasa 等人采用光化学沉积法制备了稳定的 Pd 负载 SnO_2纳米晶溶胶悬浮液，负载机理为：UV 光子能大于 SnO_2纳米晶体的带隙，SnO_2纳米晶体中的光生电子将其表面的 Pd^{2+}还原为 Pd 金属，同时，SnO_2纳米晶体中的光生空穴将反应体系中的乙醇氧化为 CO_2和 H_2O。制成复合材料薄膜器件的最佳工作温度由纯相 SnO_2薄膜器件的 350 ℃降低到 300 ℃，对 200 ppm H_2气敏性能良好，灵敏度大于 900。工作温度的降低主要是化学致敏作用，负载的 Pd 提高了 H_2在低温的催化燃烧性能，导致工作温度降低。灵敏度提高是电学致敏的作用：加热时，负载在 SnO_2表面的 Pd 被氧化成 PdO（电子受体），电子从 SnO_2表面转移到 PdO，导致电阻升高。

Li 等人首先采用水热法合成了多级结构 SnO_2空心球，然后将其置于 $HAuCl_4$溶液中，加入氨水后将得到的沉淀在 350 ℃热处理制得 Au - SnO_2复合空心球。Au - SnO_2复合空心球最佳工作温度由纯相的 SnO_2的 280 ℃降为 220 ℃，在 220 ℃对 100 ppm 丙酮气体的灵敏度由 12 提高到 53.4，对 5 ppm 丙酮气体的响应时间和恢复时间分别为 0.7 s 和 21 s。其形貌如图1 - 14 所示。

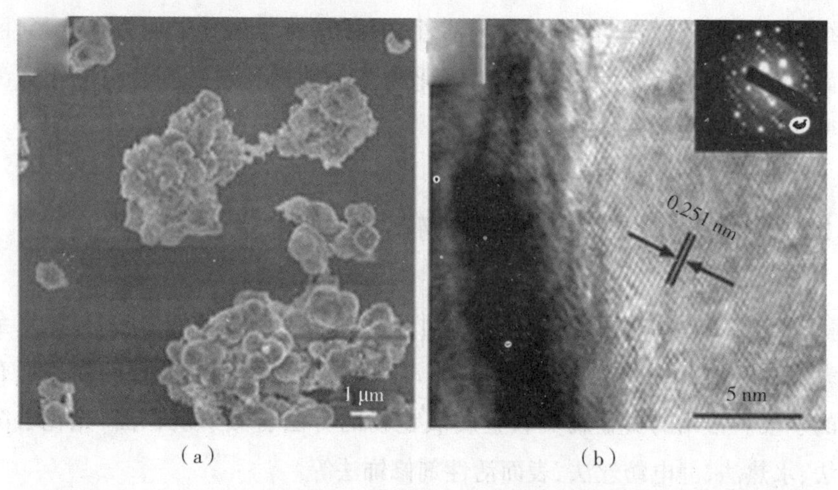

（a）　　　　　　　　　　　　　　　（b）

图 1－14　(a) Au－SnO_2复合空心球的 FESEM 图；(b) 典型界面的 HRTEM 图

Wang 等人将 $Ni(NO_3)_2 \cdot 6H_2O$ 溶于二次去离子水，边搅拌边加入甘氨酸和 $NaSO_4$，再加入 NaOH，然后将上述混合溶液加到含有 Au 粒子的溶液中，通过水热反应制备了复合材料前驱体，50 ℃真空干燥后，升温至 600 ℃热处理 2 h，制备了 Au－NiO 复合微球。气敏性能测试表明，负载量为 1.2% 的Au－NiO 纳米材料对丙酮的气敏性能最好，最佳工作温度为 240 ℃，对 10 ppm 丙酮气体的响应、恢复时间分别由负载前的 21 s 和 28 s 缩短到负载后的 1.7 s 和 11 s。其形貌如图 1－15 所示。

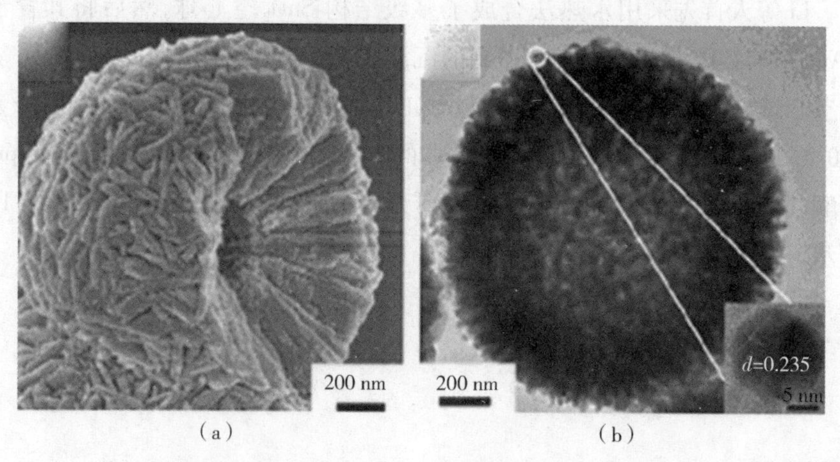

（a）　　　　　　　　　　　　　　　（b）

图 1－15　(a) Au－NiO 复合微球的 FESEM 图；

(b) TEM 图，插图为选区电子衍射

Liu 等人采用水热法先合成了三维多孔的花状 ZnO 纳米材料，然后将前驱体 ZnO 溶解在水中，加入 $HAuCl_4$ 和赖氨酸并搅拌 20 min，再加入 $NaBH_4$ 溶液，Au 离子还原为 Au 纳米粒子，将得到的产物在 300 ℃热处理，以除去赖氨酸，得到多级结构花状 Au－ZnO 纳米复合材料。多级结构花状 Au－ZnO 器件对乙醇气体显示出很高的灵敏度和快速的响应时间，对 50 ppm 乙醇气体的灵敏度为 8.9，比相同测试条件下纯相的花状 ZnO 器件的灵敏度(2.8)高 2 倍多，而且响应时间不到 10 s，明显短于纯相的花状 ZnO 器件的响应时间(60 s)。其形貌如图 1－16 所示。

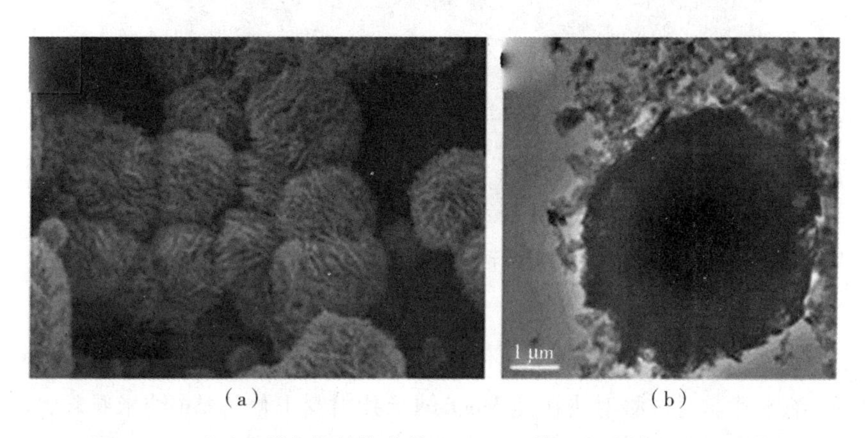

(a) (b)

图 1－16 (a)三维多级结构花状 Au－ZnO 的 SEM 图和(b)TEM 图

Xu 等人首先将 $In(NO_3)_3$ 和 $HAuCl_4$ 溶于 10 mL 的 DMF 中，再加入 PVP 制成前驱体，然后采用静电纺丝法制备 $In(NO_3)_3/HAuCl_4/PVP$ 纤维，热处理后得到 Au/In_2O_3 纳米纤维。负载量为 0.2% 的 Au/In_2O_3 纳米纤维在 140 ℃对 500 ppm 乙醇气体的灵敏度从纯相的 2 提高到 13.8，响应时间和恢复时间分别为 12 s 和 24 s。

Wang 等人采用简单的赖氨酸辅助法制备了一维 Au 纳米颗粒负载 MoO_3 纳米带气体传感器，如图 1－17 所示。以乙醇为目标气体，对修饰前后的 $\alpha-MoO_3$ 进行了气敏性能的对比研究。结果表明，负载 Au 纳米颗粒后，$Au/\alpha-MoO_3$ 比纯的 $\alpha-MoO_3$ 具有更短的响应和恢复时间、更低的最佳工作温度和更好的选择性。以 200 ppm 乙醇气体为例，$Au/\alpha-MoO_3$ 和纯相 $\alpha-MoO_3$ 纳米带器件的响应/恢复时间分别为 5.7 s/10.5 s 和 34 s/43 s，最佳工作温度由纯相$\alpha-MoO_3$纳米带器件的250 ℃降至200 ℃,且对乙醇气体的灵敏度比纯相$\alpha-MoO_3$器件高1.6倍。

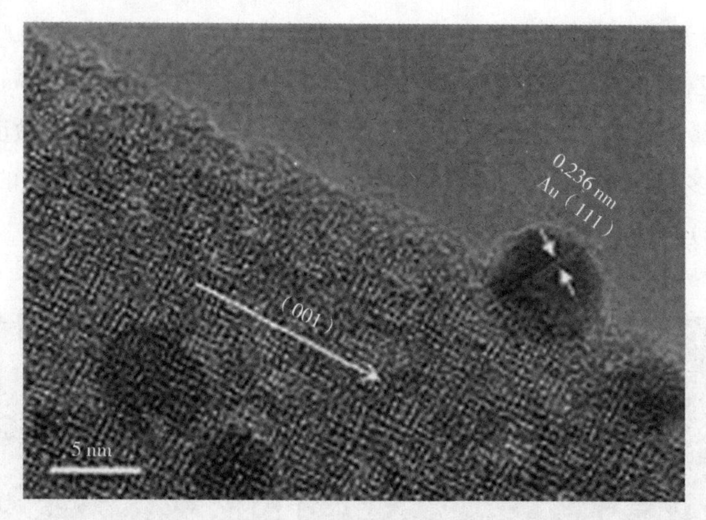

图1-17　赖氨酸辅助法制备的$Au@MoO_3$纳米带

Arachchige等人以MoO_3粉末为原料,采用蒸发-冷凝法合成了$\alpha-MoO_3$纳米片。通过溅射法在纯MoO_3纳米片材料上修饰Au纳米颗粒,实现了Au的功能化。通过CO、NH_3、乙醇、NO_2、甲醇、H_2和H_2S气体来研究其气敏性能。MoO_3纳米片器件对乙醇、甲醇、H_2和H_2S气体具有良好的气敏性能。由于负载了Au纳米颗粒,器件在400 ℃的工作温度下对H_2S表现出良好的响应特性,灵敏度比纯MoO_3纳米片器件高10倍,检测限达到ppb级。

以上研究表明,贵金属负载金属氧化物以后,增加了表面化学吸附氧的量,使得电子耗尽层变宽;而且由于贵金属的催化作用,氧分子更容易吸附在材料表面上,氧分子离子化速度加快;此外,负载贵金属后,电子可以在氧化物和贵金属之间传递,使得器件的电阻升高。

1.5.2　其他氧化物复合的金属氧化物的气敏性能

利用其他金属氧化物对原有金属氧化物气敏材料进行复合改性也是目前改善气体传感器气敏性能的有效手段之一,常用的方法包括水热法、静电纺丝法、液相沉积法、磁控溅射法等。例如，Shi 等人采用简单的化学法制备了负载量为 5% 的 La_2O_3/SnO_2 纳米棒，在 200 ℃对于 100 ppm 乙醇气体的灵敏度从原来的 45.1 提高到 213。复合材料对乙醇气体灵敏度的提高是因为 La_2O_3 的加入减少了酸性位置，加速了脱氢过程，使得更多的乙醇分子转变成乙醛。Kong 等人采用液相沉积法，在 SnO_2 纳米丝带上复合了 CuO 颗粒，在 50 ℃对 3 ppm H_2S 气体的灵敏度为 18000。复合了 CuO 以后，在相互交错的 SnO_2 纳米丝带中形成了 p－n 结，当与 H_2S 气体接触时，CuO 颗粒表面形成了 CuS 薄层，这种均匀的肖特基势垒使响应强度发生明显改变。Park 等人采用静电纺丝法及脉冲射线沉积技术制备了 SnO_2/ZnO 纳米纤维复合材料，器件在 200 ℃对 4 ppm NO_2 气体的灵敏度为 105，而纯相的 ZnO 器件在相同条件下的灵敏度仅为 1.15，此外复合材料对 NO_2 气体的最低检测限为 0.4 ppm，灵敏度为 6。气敏性能的改善是因为 SnO_2 纳米纤维表面包覆的 ZnO 加强了对 NO_2 气体的吸附，且电荷可以在 SnO_2 和 ZnO 之间传递。

Yu 等人采用水热法合成了 $\alpha-MoO_3$ 纳米棒，将其分散在乙二胺溶液中，再加入乙酸锌二次水热合成了笼状 MoO_3/ZnO 复合材料。该纳米复合材料在工作温度 270 ℃下对 100 ppm H_2S 气体的灵敏度为 30，相对于纯相的 $\alpha-MoO_3$ 和 ZnO 器件，分别提高了 1.5 倍和 3.3 倍，而且 $\alpha-MoO_3/ZnO$ 复合材料器件在 100 ℃下对 5～100 ppm H_2S 均有响应。其形貌如图 1－18 所示。

（a） （b）

图 1－18 笼状 $\alpha-MoO_3/ZnO$ 复合材料的 SEM 图

Chen 等人采用水热法合成了 MoO_3/TiO_2 核壳纳米复合材料。他们首先

利用水热法制备了 $\alpha-MoO_3$ 纳米棒，然后将纳米棒分散于二次去离子水中，控制水浴温度为 30 ℃ ± 5 ℃，加入 $Ti(SO_4)_2$ 溶液，直到生成沉淀后再反应 3 h，产物在室温老化 2 ~ 3 h，洗涤后在空气中干燥。然后在 Ar/H_2 混合气流中，于 360 ℃热处理 6 h，再在空气中 500 ℃热处理 2 h。通过改变 $Ti(SO_4)_2$ 的浓度控制 $\alpha-MoO_3$ 纳米棒表面 TiO_2 层的厚度。$\alpha-MoO_3/TiO_2$ 器件对乙醇气体表现出很好的气敏性能，在 135 ℃对 10 ppm 乙醇气体的灵敏度为 5.8。气敏性能的改善是由于在两种材料之间形成的异质结界面，另外，TiO_2 纳米粒子作为分解氧的催化剂可以使更多的氧吸附在材料表面，有助于电子耗尽层变宽，使 $\alpha-MoO_3/TiO_2$ 核壳纳米棒器件在接触到乙醇气体时的响应增强。

Wang 等人将水热反应制备的 $\alpha-MoO_3$ 纳米棒在超声条件下加到无水乙醇中，再加入 $Cu(NO_3)_2\cdot3H_2O$，快速搅拌 10 min，室温下，将混合物超声并辐照 60 min，离心分离，再经过 550 ℃热处理 2 h，制备了 $\alpha-MoO_3/CuO$ p－n 结纳米复合材料。$\alpha-MoO_3/CuO$ 器件对 H_2S 气体的最佳工作温度为 270 ℃，对 10 ppm H_2S 气体的灵敏度为 272，为纯相 $\alpha-MoO_3$ 的 53.3 倍，而且即使在 100 ℃工作温度下对 5 ppm H_2S 气体仍有较高的灵敏度，为 7.9。其形貌如图 1－19 所示。$\alpha-MoO_3$ 和 CuO 分别为 n 型和 p 型半导体金属氧化物，因此在两种材料之间形成的 p－n 结在接触目标气体以后，异质结界面将发生变化，两种材料电子溢出功的不同将导致电子从 $\alpha-MoO_3$ 导带传递给 CuO，p－n 结的宽度与 CuO 纳米粒子的尺寸相当，使得复合材料在空气中具有较高的电阻。当 CuO 与 H_2S 接触时，将生成 CuS，p－n 结的高度和厚度都会减小，而且界面将会消失，使得复合材料的电阻急剧降低，因此会提高 $\alpha-MoO_3/CuO$ 器件对 H_2S 气体的灵敏度。

(a)

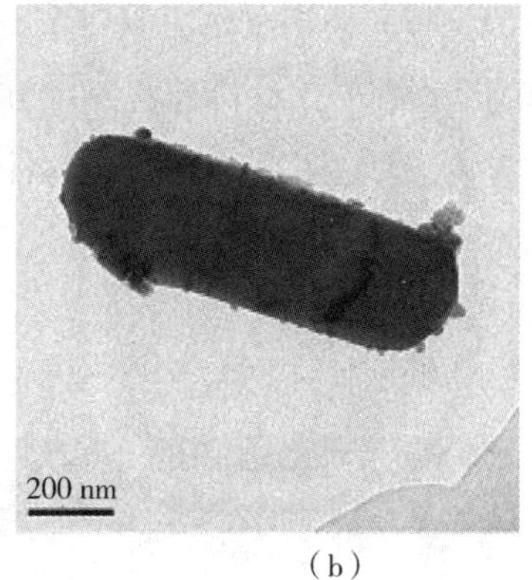

(b)

图 1-19 (a)$\alpha-MoO_3/CuO$ p-n 结复合材料的 SEM 图和(b)TEM 图

Illyaskutty 等人利用磁控溅射法制备了 MoO_3/ZnO 薄膜器件，ZnO 复合量为 25% 的 MoO_3 膜对 500 ppm 乙醇气体的灵敏度达到 171，响应时间为 30 s，恢复时间为 25 s，而在相同测试条件下，纯相的 MoO_3 膜对 500 ppm 乙醇气体的灵敏度仅为 38。该复合材料对乙醇气体的灵敏度取决于表面晶格氧而不是化学吸附氧，层状 MoO_3 表面晶格氧催化氧化了目标气体，同时自身被还原，使得材料电阻发生变化。负载了 ZnO 以后，由于与 MoO_3 晶格氧的活性不同，锌的氧缺陷导致氧化物表面的氧发生化学吸附和邻近表面的电子消耗。因此，ZnO 复合材料使灵敏度大幅提高与电荷的有效传递有关。此外，复合后可以使 MoO_3 的价带缩短，也可以提高灵敏度。

Nadimicherla 等人采用水热法并结合湿化学法制备了 SnO_2 掺杂的 MoO_3 纳米纤维复合材料，如图 1-20(a) 所示，在最佳工作温度 300 ℃ 下对 300 ppm CO 的灵敏度为 2.4，响应时间和恢复时间分别为 1430 s 和 1524 s。与纯相 MoO_3 纳米纤维相比，复合材料具有更高的灵敏度和更短的响应时间，这主要是因为 SnO_2 掺杂的 MoO_3 纳米纤维具有较大的比表面积和较小的纳米纤维尺寸。

Li 等人采用两步水热法合成了 ZnO 修饰的 $\alpha-MoO_3$ 纳米带材料，基于该材料的器件在 250 ℃ 的工作温度下对乙醇气体表现出较高的灵敏度和良好的选择性，ZnO 修饰的 $\alpha-MoO_3$ 纳米带复合材料对 100 ppm 乙醇气体的灵敏度为 19，大约是相同条件下纯相 $\alpha-MoO_3$ 纳米带灵敏度的 2 倍，响应时间和恢复时间分别为 2.5 s 和 5 s。

Xu 等人采用水热法制备了 $\alpha-MoO_3$@NiO 纳米复合材料,如图 1-20(b)所示,基于此材料的器件对 100 ppm 丙酮气体的灵敏度为 20.3,是纯相 $\alpha-MoO_3$器件的 17.2 倍,同时对丙酮气体具有良好的选择性、稳定性和较低的检测限(500 ppb),且复合后 $\alpha-MoO_3$@NiO 纳米材料的最佳工作温度从 400 ℃降至 350 ℃。

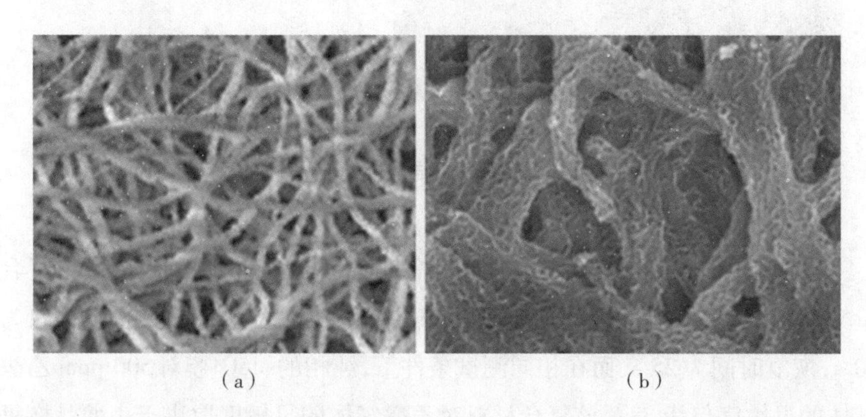

(a)　　(b)

图 1-20　(a)SnO_2掺杂 MoO_3纳米纤维和(b)$\alpha-MoO_3$@NiO 纳米复合材料的 SEM 图

Yang 等人采用离子交换法和热处理法制备了 $\alpha-Fe_2O_3$@$\alpha-MoO_3$异质结构微立方体,如图 1-21(a)所示。复合材料的多孔微立方结构以及 $\alpha-Fe_2O_3$的复合,使其对三乙胺气体表现出良好的选择性和较高的灵敏度,在 240 ℃时,对 100 ppm 三乙胺气体的灵敏度为 18.64,响应时间和恢复时间分别为 12 s 和 106 s。

Zhang 等人采用溶液法制备了 In_2O_3功能化 MoO_3纳米带,如图 1-21(b)所示,改善了材料对三甲胺气体的气敏性能。在 260 ℃的工作温度下,In_2O_3/MoO_3纳米带对 10 ppm 三甲胺气体的灵敏度高达 31.69,高于纯相 MoO_3纳米带。响应时间和恢复时间较短,分别为 6 s 和 9 s。

(a) (b)

图 1-21 (a)$\alpha-Fe_2O_3$@$\alpha-MoO_3$异质结构微立方体和(b)In_2O_3复合 MoO_3纳米带的 SEM 图

1.6 研究的内容及意义

随着大气污染的日益严重,控制和改善空气质量引起了人们的关注。有机胺是一类挥发性有机化合物,是有机物与氨发生化学反应生成的有机类物质,一般具有毒性、挥发性、易燃性及易爆性,存在导致环境污染和危害人类身体健康的隐患,因此有必要对其实现实时、有效的检测及监控。

目前对脂肪胺类检测的研究多集中在二甲胺、三甲胺和三乙胺。三甲胺和二甲胺是动物器官和蛋白质在腐败过程中产生的有机胺类气体,也是鱼类及海产品腐败时其体内的氧化三甲胺经兼性厌氧菌的还原作用而产生的气体,一般认为当鱼类释放的三甲胺浓度超过 10 ppm 时,则为腐败。对三甲胺和二甲胺的检测多应用在生物检测领域,传统的测试方法有电化学分析法、气相色谱法、液相色谱法。随着气体传感器的发展与应用,出现了许多测定三甲胺气体的半导体金属氧化物气体传感器,如 V_2O_5、TiO_2、$CdO-Fe_2O_3$、$ZnO-In_2O_3$、Ru/SnO_2和 MoO_3等。其中,使用 MoO_3纳米材料对三甲胺的气敏测试多集中在低维的 MoO_3纳米片、纳米棒和薄膜,但普遍存在的问题是工作温度较高。

三乙胺是主要的环境污染物之一,它是工业生产中应用广泛的有机溶剂和缓蚀剂,同时它也是制备药物、杀虫剂、表面活性剂和着色剂的重要中间体,具有毒性,而且易燃、易爆,对人的呼吸系统也有一定的损害,容易引起哮喘、肺气肿甚至死亡。此外,三乙胺也是鱼类等水产品在死后腐烂时释放的气体之一,其浓度随着死亡时间的延长而升高。因此,有必要在工业生产、鱼类加工等环境中对三乙胺的浓度实现有效的监控。目前,对三乙胺的检测方法主要有电化学分析法、气相色谱法、液相色谱法、光度法等,这些方法不能实现实时检测,而且操作烦琐、费时,需要专业的操作人员。测试三乙胺的传感器主要包括光学传感器、聚合物导体传感器、半导体气体传感器和催化发光气体传感器。其中,半导体气体传感器由于具有对目标气体有很高的灵敏度和稳定性、制备方法简单、成本较低等优点,在检测挥发性的三乙胺方面极具潜力。

苯胺是芳香胺的一种,主要用于制造染料、农药、树脂,还可以用作橡胶硫化促进剂等,遇明火、高热或氧化剂能燃烧。苯胺的毒性较高,仅少量就能引起中毒,通过皮肤、呼吸道和消化道进入人体后,破坏血液造成溶血性贫血,并损害肝脏。短期内皮肤吸收或吸入大量苯胺者先出现高铁血红蛋白血症,长期低浓度接触可引起中毒性肝病。苯胺的毒性和挥发性给人们的生产生活带来了很大的危害,因此为了生产生活的安全,有必要对其进行严格的监控。对苯胺的检测方法主要有液相色谱法、气相色谱法和毛细管电泳法,这些方法主要是对废水中的苯胺进行测定,样品需要预处理,而且操作比较费时、烦琐。如果采用气体传感器对其测定,则将弥补苯胺现有检测方法的不足,并为实现苯胺实时、快速检测提供新的途径。

前期在对 $\alpha-MoO_3$ 纳米材料进行气敏性能研究的基础上发现 $\alpha-MoO_3$ 纳米材料对有机胺类,尤其是三乙胺具有很高的选择性和灵敏度。MoO_3 是一种 n 型半导体金属氧化物,有优良的物理及化学稳定性、量子尺寸效应和表面效应,其独特的层状结构更有利于金属氧化物和贵金属的嵌入和复合,在气体传感器领域的研究和应用极具潜力。文献表明,MoO_3 基纳米材料在气体传感器领域的研究工作大部分还停留在对其薄膜、纳米带、纳米棒等低维材料的制备及气敏性能的研究,而且测试的气体主要为 NO、NO_2、NH_3、H_2、CO、乙醇、丙酮、三甲胺等。此外,MoO_3 基纳米材料的气体传感器对很多气体有很高的灵敏度,但是操作温度相对较高,在 300 ℃左右,而且选择性较差。因此,通过改变 MoO_3 的形貌并对其进行复合可能会改善其气敏性能。目前已报道的多级结构 MoO_3 纳米材料的制备方法非常复杂,有时需要引入模板剂和表面活性剂,后续处理比较烦琐,而且对多级结构 MoO_3 材料及其复合材料的气敏性能研究还处于起步阶段。因此,有必要探索简单的合成多级结构 MoO_3 基纳米材料的工艺,并将其应用于气体传感器领域,进而对其气敏机理进行深入探讨。

本书拟通过简单的溶剂热方法制备由低维纳米结构单元构筑的多级结构 MoO_3 基纳米材料,并将其制备成厚膜器件,用于有机胺类气体的气敏性能测试。根据测试气敏性能时出现的不足,以改善气敏性能为目的,在多级结构 MoO_3 基纳米材料中复合金属氧化物和贵金属,跟踪多级结构 MoO_3 及其复合材料的生长过程,研究多级结构 MoO_3 基纳米材料的形成机理;探索异质 MoO_3 基多级结构的构筑单元、生长方式和异质界面等对其气敏性能的影响;通过异质材料的有效组装、复合调控,改变材料的导电性和对气体的选择性,实现对有机胺类气体的超高灵敏度和优异选择性,降低最低检测限,并在实验过程中总结规律、揭示气敏机理,为新型功能气敏材料的实用化提供依据。

此外,本书将多级结构 $\alpha-MoO_3$空心球作为吸附剂,以亚甲基蓝为目标染料,在室温及自然光条件下,测试该纳米材料对亚甲基蓝的吸附性能,研究亚甲基蓝初始浓度、吸附剂用量和吸附时间对吸附性能的影响,确定较佳的吸附测试条件,并对其吸附机理进行探讨。

第 2 章　实验部分

2.1　主要试剂和仪器

2.1.1　主要试剂

实验过程中使用的化学试剂列于表 2－1 中。

表 2－1　实验过程中使用的化学试剂

试剂名称	纯度
乙酰丙酮氧钼	分析纯
乙酰丙酮铁	分析纯
正丁醇	分析纯
氯金酸	分析纯
柠檬酸钠	分析纯
3－氨丙基三乙氧基硅烷	分析纯
异丙醇	分析纯
乙酸	分析纯
硝酸	分析纯
无水乙醇	分析纯
松油醇	分析纯
三乙胺	分析纯
三甲胺水溶液	分析纯

续表

试剂名称	纯度
二甲胺水溶液	分析纯
苯胺	分析纯
苯	分析纯
甲苯	分析纯
二甲苯	分析纯
氯代苯	分析纯
丙酮	分析纯
亚甲基蓝	分析纯
孔雀石绿	分析纯
刚果红	分析纯

2.1.2　主要测试仪器

实验过程中使用的仪器列于表2-2中。

表2-2　实验过程中使用的仪器

仪器名称	型号
X射线衍射仪	D8-Advance
扫描电子显微镜	S-4800
透射电子显微镜	JEM-2010
热重分析仪	Pyris-Diamond
傅里叶变换红外光谱仪	Equinox 55
X射线光电子能谱仪	AXIS ULTRA DLD
磁力搅拌器	KSW-5-12
超声波清洗器	KQ-500B
电子天平	AR2140
气敏元件特性测试仪	JF02E
气相色谱-质谱联用仪	6890N-5973N
紫外-可见分光光度计	Lamda-750

2.2 MoO_3 基纳米材料的制备

2.2.1 多级结构花状 $\alpha-MoO_3$ 的制备

首先称取0.14 g乙酰丙酮氧钼于50 mL称量瓶中,加入30 mL正丁醇,超声10 min,使乙酰丙酮氧钼均匀分散在正丁醇溶剂中,然后在磁力搅拌条件下,逐滴加入5 mL浓度为6 mol·L^{-1}的硝酸,搅拌1 h后,转移至50 mL带有聚四氟乙烯内衬的反应釜中,密封后180 ℃反应24 h,自然冷却至室温。将反应釜中的黑色沉淀依次用蒸馏水和无水乙醇洗涤,80 ℃烘干得到多级结构花状MoO_2前驱体,将前驱体在400 ℃空气气氛中热处理2 h得到白色的多级结构花状$\alpha-MoO_3$纳米材料。

2.2.2 多级结构 MoO_3 花的制备

称取0.114 g乙酰丙酮氧钼溶于35 mL乙酸与去离子水的混合液中得到浅黄色澄清液,将上述溶液转移至50 mL带有聚四氟乙烯内衬的反应釜中,密封后120~180 ℃反应2~24 h。反应结束后,自然冷却至室温,将反应釜中的灰色沉淀依次用去离子水和无水乙醇洗涤,60 ℃烘干即可得到纯相的MoO_3花。

2.2.3 多级结构 $\alpha-MoO_3$ 空心球的制备

首先称取0.14 g乙酰丙酮氧钼于50 mL称量瓶中,加入30 mL正丁醇,超声10 min,使乙酰丙酮氧钼均匀分散在正丁醇溶剂中。然后在磁力搅拌条件下,逐滴加入5 mL浓度为1 mol·L^{-1}的硝酸,搅拌1 h后,转移至50 mL带有聚四氟乙烯内衬的反应釜中,密封后220 ℃反应12 h,自然冷却至室温。将反应釜中的黑色沉淀依次用蒸馏水和无水乙醇洗涤,80 ℃烘干得到MoO_2

前驱体，将 MoO_2 前驱体在 400 ℃空气气氛中热处理 2 h 得到白色的 $\alpha-MoO_3$ 空心球材料。

2.2.4 多级结构 MoO_3 花球的制备

首先称取 0.114 g 乙酰丙酮氧钼于 50 mL 称量瓶中，加入 20 mL 异丙醇，超声 5 min，使乙酰丙酮氧钼均匀分散在异丙醇溶液中。然后将称量瓶放在磁力搅拌器上，逐滴加入 15 mL 乙酸，并搅拌 1 h。将上述混合溶液转移至 50 mL 带有聚四氟乙烯内衬的反应釜中，密封后 180 ℃反应 8 h。反应结束后，冷却至室温，取出反应釜。将反应釜中的黑色沉淀用无水乙醇洗涤并离心 3 次，70 ℃烘干得到前驱体。然后将前驱体放入马弗炉中，350 ℃热处理 1 h，得到纯相的 $\alpha-MoO_3$ 花球。

2.2.5 多级结构 $\alpha-Fe_2O_3/\alpha-MoO_3$ 空心球的制备

采用一次溶剂热法制备了多级结构 $\alpha-Fe_2O_3/\alpha-MoO_3$ 空心球，具体实验步骤如下。首先用电子天平称取 5 份 0.14 g 乙酰丙酮氧钼，各加入 30 mL 正丁醇并超声 10 min，使乙酰丙酮氧钼均匀分散在正丁醇溶液中，边搅拌边滴加 5 mL 浓度为 1 $mol \cdot L^{-1}$ 的硝酸，搅拌 30 min。然后分别加入不同质量的乙酰丙酮铁，控制 Fe 和 Mo 的物质的量比为 0、4%、6%、8% 和 11%，继续搅拌 30 min，再分别将反应液转移入 5 个 50 mL 带有聚四氟乙烯内衬的反应釜中，密封后 220 ℃反应 12 h。反应结束后，冷却至室温。将反应釜中的黑色沉淀依次用蒸馏水和乙醇洗涤 2 次，80 ℃干燥 8 h。在 440 ℃空气气氛中热处理 2 h，待样品冷却后，可以明显观察到，随着 Fe 和 Mo 物质的量比的增加，产物的颜色逐渐变黄。

2.2.6 多级结构 $Au/\alpha-MoO_3$ 微球的制备

2.2.6.1 1 $mmol \cdot L^{-1}$ 金胶的制备

量取 4.12 mL 浓度为 0.01 $g \cdot mL^{-1}$ 的氯金酸溶液加入 90 mL 去离子水

中,沸腾状态下保持 30 min,然后迅速加入 0.4% 的柠檬酸钠溶液 2 mL,沸腾状态下保持 30 min。将反应后的溶液冷却至室温,用去离子水定容至 100 mL的容量瓶中,4 ℃冷藏备用。

2.2.6.2 表面活性剂修饰法制备 Au/α – MoO_3微球

取 4 个 50 mL 的称量瓶,分别称取 0.02 g α – MoO_3 微球,分散于含有 5 mL 3 – 氨丙基三乙氧基硅烷和 5 mL 乙醇的聚四氟乙烯烧杯中,超声 1 min,室温下搅拌 24 h。产物经离心后用乙醇洗涤 4 次,洗去 3 – 氨丙基三乙氧基硅烷后备用。

根据不同的负载量,分别量取 0 mL、0.51 mL、1.02 mL、2.03 mL 和 5.08 mL 的金胶加入上述装有产物的称量瓶中,剩余体积用乙醇调控,使总体积保持在 10 mL,然后低速搅拌 1 h。所得固体经乙醇洗涤,离心 3 次,然后 60 ℃干燥 24 h,350 ℃热处理 1 h 后得到 Au 负载量为 0、0.5%、1%、2% 和 5% 的 Au/α – MoO_3 微球。

2.3 MoO_3 基纳米材料的表征

2.3.1 热重(TG)分析

采用热重分析仪对制备的纳米材料进行热分析。选用氧化铝坩埚,升温速率为 10 ℃ · min^{-1},温度范围为 30 ~ 900 ℃,测试气氛为空气。

2.3.2 X 射线衍射(XRD)分析

采用 X 射线衍射仪对制备的纳米材料的物相进行分析。将粉末材料放入有凹槽的玻璃片中压实,测试条件:入射光源采用 Cu Kα 射线,波长为 0.15406 nm,射线管电压和管电流分别为 40 kV 和 20 mA,扫描速度为 10° · min^{-1},扫描范围为 5 ~ 80°。

2.3.3 傅里叶变换红外光谱(FT-IR)分析

采用傅里叶变换红外光谱仪对制备的纳米材料进行红外光谱分析。以溴化钾为介质,采用压片法对纳米材料进行预处理。测试分辨率为 0.5 cm^{-1},扫描范围为 4000~400 cm^{-1}。

2.3.4 扫描电子显微镜(SEM)观察

采用扫描电子显微镜观察制备的纳米材料的形貌。粉末中加入适量无水乙醇超声分散,用移液枪滴加到铝箔上,待无水乙醇挥发后,在烘箱中 120 ℃烘干 2 h。剪取部分铝箔粘到导电胶上,测试电压分别为 5 kV 和 10 kV。

2.3.5 透射电子显微镜(TEM)观察

采用透射电子显微镜观察制备的纳米材料的精细结构,并进行选区电子衍射(SAED)以及高分辨率透射电子显微镜(HRTEM)测试,操作电压为 200 kV。将少量粉末加入适量无水乙醇中,超声分散后将分散液滴加到覆有碳膜支撑的铜网微栅上,120 ℃烘干 2 h 后测试。

2.3.6 X 射线光电子能谱(XPS)分析

采用 X 射线光电子能谱仪对制备的纳米材料进行表面定性及元素价态分析。单色 Al Kα 射线为射线源(能量为 1486.4 eV),真空度为 5×10^{-7} Pa,标准碳 C 1s 峰按 284.6 eV 计算校正。

2.3.7 气相色谱-质谱(GC-MS)分析

使用气相色谱-质谱联用仪对测试气体及中间产物进行分析。色谱柱为DB－5(30 mm × 0.25 mm × 0.25 μm)，测试温度为50～250 ℃，升温速率为10 ℃·min^{-1}，载气为Ar气，载气流速为1 mL·min^{-1}。

2.3.8 紫外－可见光区吸光度(UV－Vis)检测

使用紫外－可见分光光度计测试溶液的吸光度。比色皿为石英比色皿，以蒸馏水做参比，在波长为400～800 nm范围内扫描，并在亚甲基蓝溶液最大吸收波长664 nm处读取其吸光度值。

2.4 气敏元件的组装及气敏性能测试

2.4.1 气敏元件的组装

取适量纳米材料放入玛瑙研钵中，加入适量的松油醇充分混合，调成黏稠的糊状浆料，然后将浆料均匀涂到连接有Pt丝的陶瓷管(管长为4 mm，内径为0.8 mm，外径为1.2 mm，带有一对金电极)上，80 ℃烘干后在空气中300 ℃热处理1 h。冷却至室温后，在陶瓷管中置入1根用以加热的Ni－Cr丝，将陶瓷管的4根Pt丝和Ni－Cr丝的两端焊接在气敏元件的底座上，制成厚膜器件。然后将焊接好的厚膜器件放置在老化台上300 ℃老化两天，用于气敏性能测试。

2.4.2 气敏元件的气敏性能测试

采用静态测试系统对纳米材料的气敏性能进行测试。测试前，用泵将10 L的玻璃容器抽真空，然后将定量好的目标气体用微量注射器(或常用注射器)注入上述事先抽好真空的10 L的玻璃容器内。将测定条件下的一定湿度的空气作为稀释气体，通过下端的排气口进入玻璃容器中，使得玻璃容器内外的压强平衡。气体的响应通过测定元件接触和脱离被测气体稳定时的电阻值进行计算。采用气敏元件特性测试仪对材料的气敏性能进行测试,通过调节气敏元件两端的加热电压来控制气敏元件的工作温度。

2.4.3　气敏特性参数

2.4.3.1　灵敏度(S)

灵敏度是反映气敏元件对目标气体敏感程度的物理量,是检验气体传感器最核心的性能指标。它的值被定义为:气体传感器在空气中的电阻值与其在一定浓度的某种气氛中的电阻值之比。灵敏度计算公式为:$S = R_a/R_g$。其中,R_a 表示气敏元件在空气中稳定时的电阻值,R_g 表示气敏元件在一定浓度被测气体中稳定时的电阻值。

2.4.3.2　响应时间(t_{res})和恢复时间(t_{rec})

响应时间和恢复时间也是反映气敏元件气敏性能的重要指标。

响应时间指的是气敏元件在一定工作温度下对被测气体的响应速度。本书将响应时间定义为气敏元件接触到被测气体后,其电阻值由 R_a 变化到 $R_a - 90\%(R_a - R_g)$ 所需的时间,用符号 t_{res} 表示。

恢复时间指的是在一定工作温度下,气敏元件与被测气体脱离接触后,被测气体从气敏元件上脱附的速度。本书将恢复时间定义为气敏元件脱离被测气体后,其电阻值从 R_g 变化到 $R_g + 90\%(R_a - R_g)$ 所需的时间,用符号 t_{rec} 表示。

2.4.3.3　选择性系数

选择性表示气体传感器对被测气体的识别(选择)以及对干扰气体的抑制能力,选择性系数的计算公式为:$S_{A/B} = K_A/K_B$,$S_{A/B}$ 表示气体传感器对 A 气体的选择性系数,K_A 表示气体传感器在单纯 A 气体中的灵敏度,K_B 表示气体传感器在单纯 B 气体中的灵敏度。

2.5 吸附性能测试

2.5.1 吸附测试

称取一定量的 MoO_3空心球吸附剂于 50 mL 称量瓶中，加入不同浓度的亚甲基蓝溶液，在磁力搅拌器上搅拌不同时间后，将以上溶液转移至离心管内，8000 $r \cdot min^{-1}$高速离心 1 min，然后取上层清液于石英比色皿中，以二次去离子水为参比。用紫外－可见分光光度计于－800～400 nm 波长范围内对吸附后的溶液进行扫描测试。

2.5.2 工作曲线的测定

取 6 个 25 mL 容量瓶，配制 1 $mg \cdot L^{-1}$、2 $mg \cdot L^{-1}$、3 $mg \cdot L^{-1}$、4 $mg \cdot L^{-1}$、5 $mg \cdot L^{-1}$和 6 $mg \cdot L^{-1}$的亚甲基蓝溶液，充分振荡摇匀后静置一段时间。分别取上述系列标准溶液于石英比色皿中，利用紫外－可见分光光度计于 400～800 nm 波长范围内扫描，以二次去离子水为参比并在最大吸收波长 664 nm 处读取其吸光度值。

2.5.3 吸附特性参数

2.5.3.1 移除率

吸附剂 $\alpha-MoO_3$ 对亚甲基蓝的吸附效率用移除率 D 表示，计算公式如下：

$$D = \frac{(C_0 - C_t) \times 100}{C_0}\% \qquad (2-1)$$

式中：C_t——t 时刻染料浓度（$mg \cdot L^{-1}$）；

C_0——初始时刻染料浓度（mg · L^{-1}）。

2.5.3.2 吸附容量

$$q_t = \frac{(C_0 - C_t)V}{m} \tag{2-2}$$

式中：q_t——t 时刻吸附容量（mg · g^{-1}）；

C_t——时刻染料浓度（mg · L^{-1}）；

C_0——初始时刻染料浓度（mg · L^{-1}）；

V——染料溶液体积（mL）；

m——吸附剂质量（mg）。

第3章　多级结构花状$\alpha-MoO_3$（构筑单元为纳米棒）的制备与气敏性能

3.1　引言

关于多级结构MoO_3材料的报道较少，形貌主要包括花状和球状，球的构筑单元为零维的纳米粒子，花的构筑单元主要有一维的纳米带、纳米棒及二维的纳米片。目前，多级结构MoO_3纳米材料的制备方法主要有水热法、微波水热法、超声分解法、模板法、快速火焰法、气相沉积法和共沉淀法等，这些方法有的操作复杂，有的还需要引入模板和表面活性剂，后续处理比较烦琐，而且目前对多级结构MoO_3材料的气敏性能研究仍处于起步阶段。因此，有必要探索简单的合成多级结构MoO_3纳米材料的工艺，并将其应用于气体传感器，进而对其气敏机理进行深入探讨。

本章拟通过简单的溶剂热法制备由低维纳米结构单元构筑的多级结构MoO_3纳米材料，通过考察实验过程中影响形貌的几个重要因素，包括反应体系中硝酸的浓度、反应温度以及反应时间等，得到较佳的合成条件。同时，跟踪其生长过程，研究MoO_3多级结构材料的形成机理，实现对三乙胺气体的超高灵敏度检测并提高对气体的选择性。

3.2 实验结果与讨论

3.2.1 反应条件对产物形貌的影响

本章以乙酰丙酮氧钼为钼源，正丁醇为溶剂，硝酸为酸源，采用溶剂热法制备了花状 MoO_2 前驱体，空气气氛中热处理后得到多级结构花状 α - MoO_3 纳米材料。实验中主要考察了硝酸浓度对制备特殊形貌 MoO_2 前驱体的影响。除此之外，在溶剂热法制备花状 MoO_2 前驱体的过程中还发现反应体系中除了硝酸的浓度外，反应温度以及反应时间等对产物的形貌也有非常大的影响。

3.2.1.1 硝酸浓度对产物形貌的影响

在纳米材料制备过程中，硝酸浓度是影响产物形貌的重要因素。固定体系中乙酰丙酮氧钼的浓度为 0.012 $mol \cdot L^{-1}$，保持体系中正丁醇体积为 30 mL，溶剂热温度为 180 ℃，反应时间为 24 h，滴加的硝酸体积为 5 mL，硝酸浓度依次变为 4 $mol \cdot L^{-1}$、6 $mol \cdot L^{-1}$、8 $mol \cdot L^{-1}$、10 $mol \cdot L^{-1}$ 和 12 $mol \cdot L^{-1}$。图 3 - 1 为不同硝酸浓度制备的 MoO_2 前驱体的 SEM 图。当硝酸浓度为 4 $mol \cdot L^{-1}$时，如图 3 - 1(a)所示，所得产物整体呈现球状，球的大小不一，分散性不好，聚集成块体；当硝酸浓度为 6 $mol \cdot L^{-1}$时，如图 3 - 1(b)所示，产物的形貌为花状，粒径均一，尺寸为 3 ~ 5 μm，由直径为 150 ~ 200 nm 的纳米棒构筑而成；当硝酸浓度为 8 $mol \cdot L^{-1}$时，如图 3 - 1(c)所示，产物为棒和球的混合体系，其中棒的尺寸较大，长约为 16 μm，直径约为 4 μm；当硝酸浓度为 10 $mol \cdot L^{-1}$时，如图 3 - 1(d)所示，产物仍为棒和球的混合体系，但是棒的尺寸明显变小；当硝酸浓度为 12 $mol \cdot L^{-1}$时，如图 3 - 1(e)所示，产物为球状。由此可见，此反应体系制备花状形貌的前驱体的最佳硝酸浓度为 6 $mol \cdot L^{-1}$，之后的研究中均将硝酸浓度定为 6 $mol \cdot L^{-1}$。

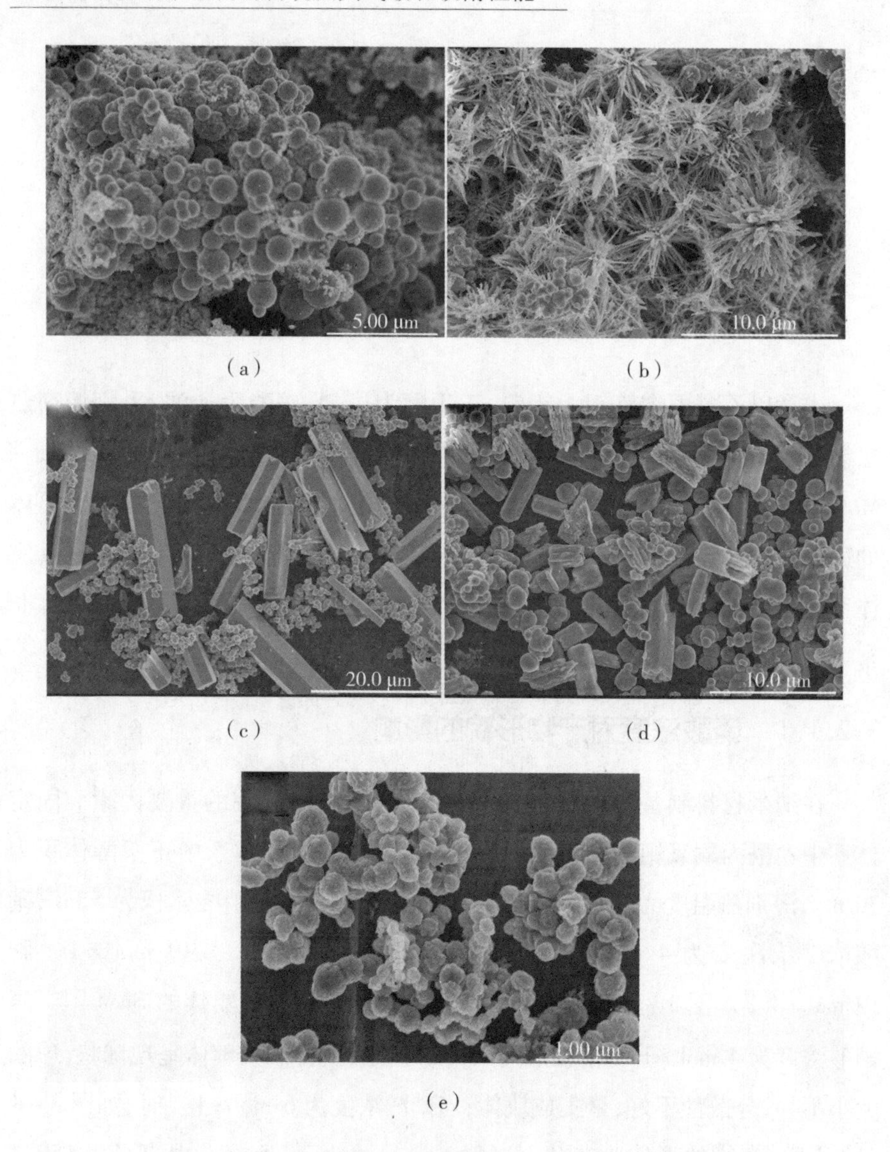

(a) (b) (c) (d) (e)

图 3-1　不同硝酸浓度制备的 MoO_2 前驱体的 SEM 图

(a)4 mol · L^{-1};(b)6 mol · L^{-1};(c)8 mol · L^{-1};(d)10 mol · L^{-1};(e)12 mol · L^{-1};

3.2.1.2　反应温度对产物形貌的影响

反应温度也是影响产物形貌的重要因素。当体系中乙酰丙酮氧钼的浓度为 0.012 mol · L^{-1},反应时间为 12 h 时,保持体系中正丁醇溶剂的体积为 30 mL,滴加的硝酸(6 mol · L^{-1})体积为 5 mL,反应温度依次变为 120 ℃、

150 ℃、180 ℃和200 ℃。图3－2为不同反应温度下制备的MoO_2前驱体的SEM图。当反应温度为120 ℃时，如图3－2(a)所示，产物为均一的粒子；当反应温度为150 ℃时，如图3－2 (b)所示，产物的形貌为棒状；当反应温度为180 ℃时，如图3－2(c)所示，产物的形貌为花状，尺寸较均一，为5 μm左右，由纳米棒构筑而成；当反应温度为200 ℃时，如图3－2(d)所示，花状产物减少，产物多为微球和棒的混合物。因此，在实验中，将最佳反应温度定为180 ℃。

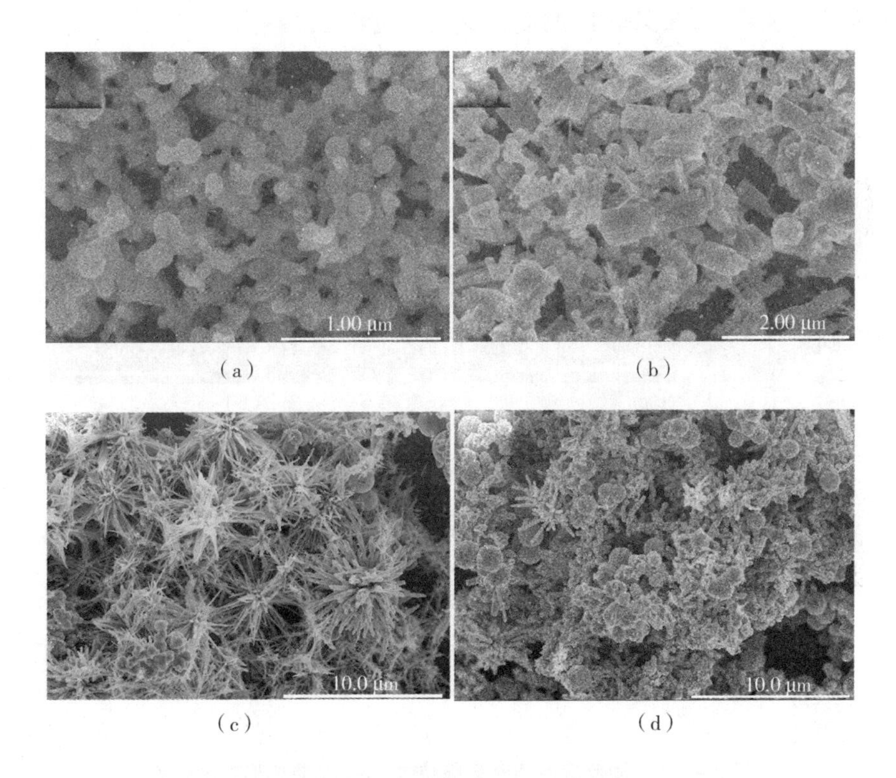

(a) (b) (c) (d)

图3－2 不同反应温度下制备的MoO_2前驱体的SEM图

(a)120 ℃；(b)150 ℃；(c)180 ℃；(d)200 ℃

3.2.1.3 反应时间对产物形貌的影响

为了跟踪产物的形成过程，在实验中还考察了反应时间对产物形貌的影响并观察了产物的生长过程。图3－3为反应时间在10 min～36 h范围内产物形貌的SEM图。当反应时间为10 min时，如图3－3(a)所示，产物为表面粗糙而且不规则的纳米粒子,分散度不好,相互粘连在一起;当反应时间为 10 min ~ 12 h 时,纳米粒子逐渐紧密堆叠在一起并形成短棒,直至反应时间为 12 h,如图 3-3(b)所示,这些棒以一个点为中心向外发散生长,开始有组装成花的趋势;当反应时间为 24 h 时,如图 3-3(c)所示,以微米棒为构筑单元的多级结构的 MoO_2 花形成,通过观察该花的 TEM 图,如图 3-3 (c)中插图所示,微米棒是由纳米粒子组装而成的;当反应时间为 36 h 时,如图 3-3(d)所示,MoO_2花构筑单元的微米棒变粗,而且不规则地成簇生长。根据以上实验结果,在实验中,将较佳反应时间设定为 24 h。

图 3-3 不同反应时间时多级结构 MoO_2 前驱体形貌演变的 SEM 图和 TEM 图(c 中插图)

(a)10 min;(b)12 h;(c)24 h;(d)36 h

因此,制备花状 MoO_2 前驱体的较佳条件为:硝酸浓度为 6 mol · L^{-1}、反应温度为 180 ℃、反应时间为 24 h。

3.2.2 花状 $\alpha-MoO_3$的结构表征

3.2.2.1 花状 $\alpha-MoO_2$前驱体的热分析

热处理温度对产物的物相以及多级结构形貌的影响非常重要。为了确定产物的热处理温度，利用热重分析仪对前驱体进行了热分析。图3-4为花状 MoO_2前驱体的 TG 曲线。由图 3-4 可以看出，产物在整个升温过程中有 3 个变化阶段：首先，在温度低于 250 ℃时，有一个明显的失重过程，为失去样品表面物理吸附水的过程；其次，270～350 ℃温度范围内，有一个增重阶段，表明 MoO_2前驱体和空气中的氧气发生反应，生成了 MoO_3，这在后面的 XRD 分析中可以得到验证；最后，当温度高于 350 ℃直到 780 ℃时，图中曲线没有明显变化，说明此温度范围内产物稳定，然而当温度高于780 ℃时，样品迅速失重，对应的是 MoO_3的升华过程。为了得到稳定及纯净的 $\alpha-MoO_3$纳米材料，热处理温度应稍高于 350 ℃。分别在 400 ℃和 450 ℃热处理 2 h，$\alpha-MoO_3$的 SEM 如图 3-5 所示。当热处理温度为 400 ℃时，如图 3-5(a)所示，产物的形貌几乎没有改变，仍为由棒构筑的花状结构，棒的直径为 150～200 nm，从花的中心放射性地向外生长。当温度达到 450 ℃时，如图 3-5(b)所示，产物的形貌发生了明显的变化，三维多级结构已经坍塌，变成尺寸不均一的微球，而且微球聚集成块体。因此，在实验中，为了使热处理后生成的 $\alpha-MoO_3$仍旧保持花状的多级结构，将最终的热处理温度确定为 400 ℃，时间为 2 h。

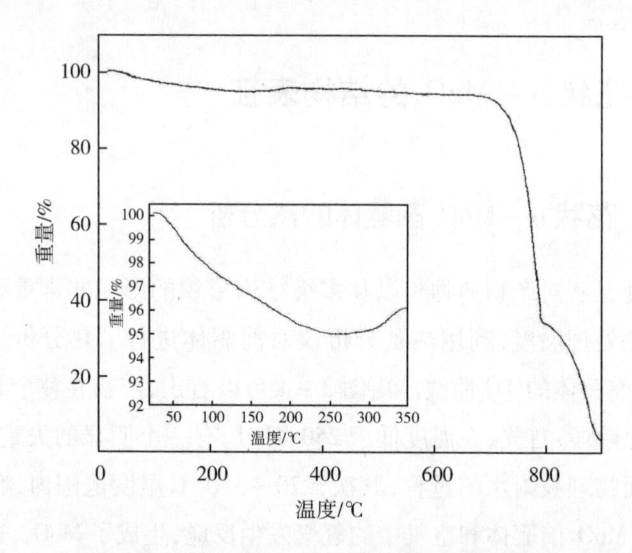

图 3-4　花状 MoO_2 前驱体的 TG 曲线

(a)　　(b)

图 3-5　不同热处理温度下 $\alpha-MoO_3$ 的 SEM 图

(a)400 ℃;(b)450 ℃

3.2.2.2　花状 $\alpha-MoO_3$ 的物相

利用 XRD 可以有效确定合成材料的结构和组成。为了确定前驱体和热处理后产物的组成,对其进行了 XRD 分析。图 3-6 为制得的花状产物在 400 ℃热处理前后的 XRD 图,其中曲线(a)为前驱体的 XRD 图,经与图库中的标准卡片(JCPDS No. 65-5787)比对可知,在 2θ 为 37.0°、41.5°、53.5°和 66.6°处分别对应 MoO_2 的(100)、(101)、(102)和(110)晶面,可以确定前驱体为纯相的 MoO_2。前驱体的衍射峰很弱,说明结晶度不高。为了得到稳定的$\alpha-MoO_3$，将前驱体在空气气氛中400 ℃热处理2 h，前驱体粉末由黑色变为白色，相应的XRD如图3－6中曲线（b）所示，经与图库中的标准卡片（JCPDS No. 05－0508）对比可知，所有的衍射峰与$\alpha-MoO_3$吻合，衍射峰很强且尖锐，说明产物结晶度很高。

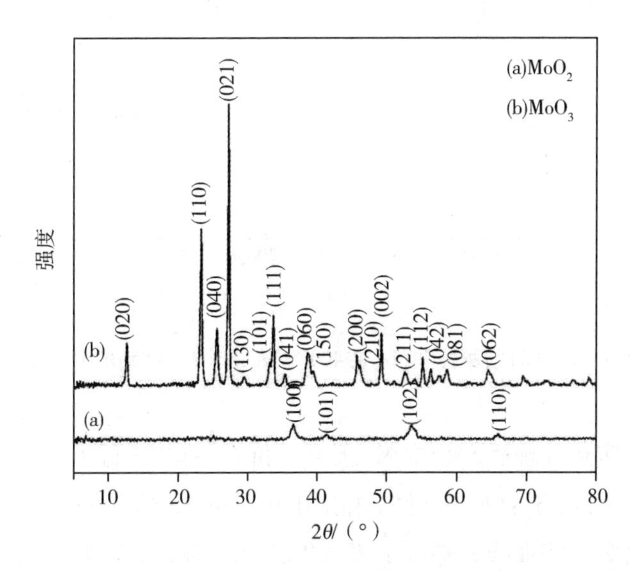

图3－6　（a）前驱体和（b）在400 ℃热处理2 h产物的XRD图

图3－7为制得的花状前驱体和热处理后产物的FT－IR图。如曲线（a）所示，3420 cm^{-1}和1623 cm^{-1}处对应的是前驱体中吸附的水分子中O—H键的伸缩和弯曲振动峰；3190 cm^{-1}和1400 cm^{-1}处对应的是残留的乙酰丙酮化合物中的C—H键和C—C键的伸缩振动峰；959 cm^{-1}和906 cm^{-1}处对应的是Mo═O键的伸缩振动峰；738 cm^{-1}和570 cm^{-1}处分别对应的是MoO_2中Mo—O—Mo和Mo—O键的伸缩振动峰。热处理后产物的FT－IR图如曲线（b）所示，产物中的水和有机物的官能团的红外吸收峰消失，3个MoO_3的特征红外吸收峰强度明显增加。其中，998 cm^{-1}处对应的是Mo═O键的伸缩振动峰；844 cm^{-1}处对应的是Mo_2—O键的伸缩振动峰；552 cm^{-1}处对应的是Mo_3—O键的伸缩振动峰。以上分析表明，400 ℃热处理以后，前驱体中的水和残留的有机杂质已经基本除去，生成的产物为纯相的MoO_3，而且结晶度很高。以上结果进一步验证了XRD和TG的结论。

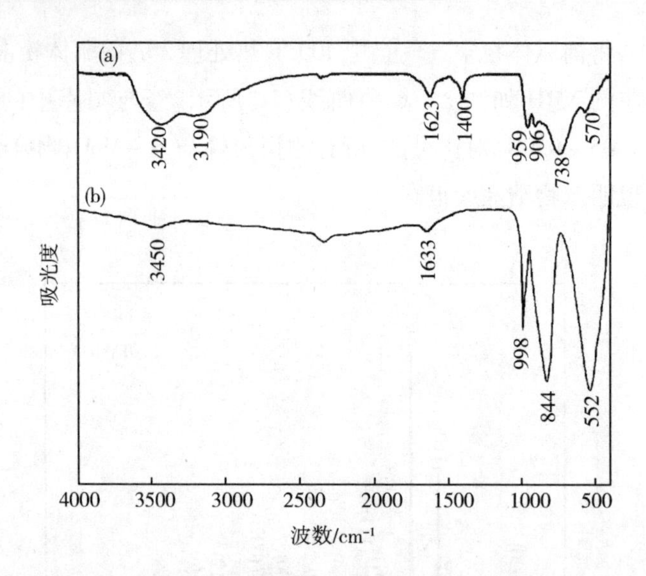

图 3-7 (a)前驱体和(b)在 400 ℃热处理 2 h 产物的 FT-IR 图

为了确定热处理后产物中 Mo 元素的价态,对其进行了 XPS 分析。如图 3-8(a)所示,由于自旋轨道的相互作用,Mo 3d 轨道分裂为 Mo $3d_{3/2}$ 和 Mo $3d_{5/2}$,这 2 个特征峰分别位于 235.9 eV 和 232.7 eV,峰形尖锐,说明 Mo 在热处理后的产物中以 Mo^{6+} 形式存在。此外,对于气敏材料而言,较大的比表面积和较多的孔分布更有利于气体分子在材料上的吸附和脱附,进而改善气敏性能,因此,对花状 $\alpha-MoO_3$ 纳米材料进行 N_2 吸附-脱附测试。如图 3-8(b)所示,材料的 N_2 吸附-脱附等温线为典型的Ⅲ型吸附-脱附曲线,并带有 H2 滞后环。测定结果显示,多级结构花状材料的比表面积为 2.20 $m^2 \cdot g^{-1}$,比表面积相对于其他多级结构纳米材料来说较小,孔径分布范围为 2.5~130 nm,可能是由于合成的材料不含或极少有孔。图 3-8 (b) 中插图显示的 130 nm 大孔可能是由于 $\alpha-MoO_3$ 花之间相互堆叠,其构筑单元微米棒之间产生的较大空隙。

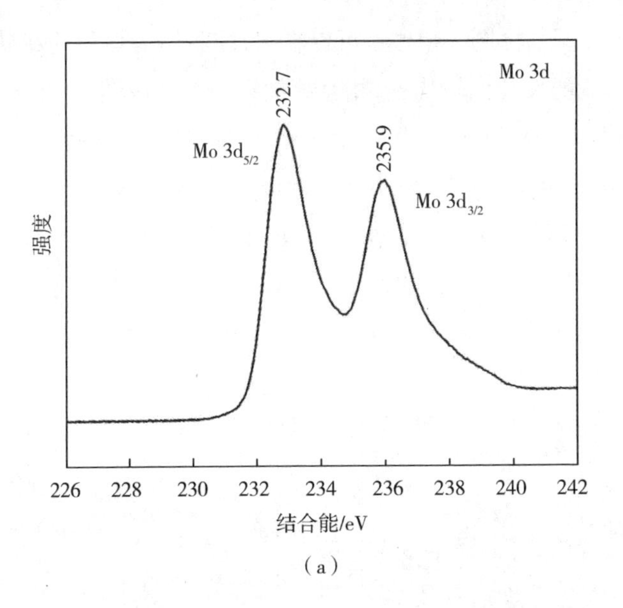

（a）

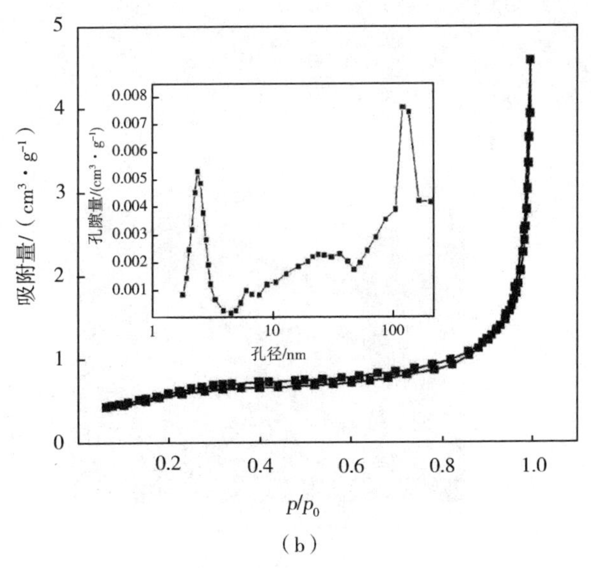

（b）

图3－8 (a)花状$\alpha-MoO_3$的Mo 3d XPS谱图及其(b)N_2吸附－脱附等温曲线和孔径分布图(插图)

3.2.2.3 花状$\alpha-MoO_3$的形貌和精细结构

图3－9为制备的MoO_2前驱体及经400 ℃热处理后的花状$\alpha-MoO_3$纳

米材料的 SEM 图。由图 3-9(a)可以看出，前驱体为均匀的花状形貌，直径为 3~5 μm，花的尺寸比较均一，相互簇拥在一起。由图 3-9(b)可以看出，多级结构花状 MoO_2 前驱体由表面粗糙的微米棒构筑而成，棒的直径为 150~200 nm，长度为 2~3 μm，由花的中心向外放射状生长。前驱体在空气气氛中经 400 ℃热处理 2 h 后，得到的花状 $\alpha-MoO_3$ 纳米材料的 SEM 如图 3-9(c)所示，热处理后产物的形貌基本保持不变，依然为花状，花之间簇拥得更加紧密，而且构筑单元仍为微米棒，直径(150~200 nm)没有发生变化。

(a) (b) (c)

图 3-9 (a)、(b)花状 MoO_2 的前驱体以及(c) $\alpha-MoO_3$ 纳米材料的 SEM 图

此外，采用 TEM 观察了花状 $\alpha-MoO_3$ 的精细结构，如图 3-10 所示。从图 3-10(a)中可见，热处理后 $\alpha-MoO_3$ 纳米材料呈花状，构筑单元为直径为 150~200 nm 的微米棒，微米棒从 $\alpha-MoO_3$ 花的中心向外放射生长，这与 $\alpha-MoO_3$ 花的 SEM 图相吻合。从图 3-10(b)中可以进一步发现，$\alpha-MoO_3$ 花的构筑单元微米棒是由纳米片构成的，纳米片长为 200 nm，宽为100 nm，从图

3-10(c)中可见清晰的晶格条纹，晶格条纹间距为0.39 nm，这与α-MoO_3的(100)晶面相吻合，而且选区电子衍射图表明，产物为多晶。

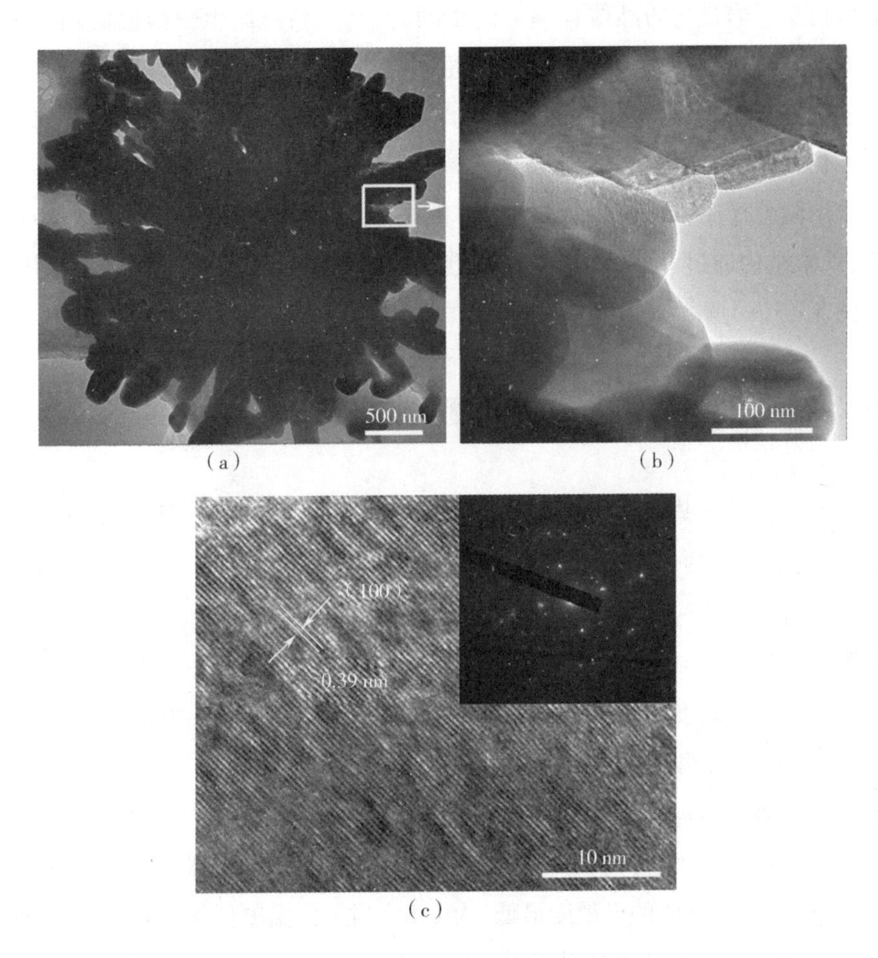

图3-10　(a)、(b)花状α-MoO_3纳米材料的TEM图以及(c)HRTEM图，其中插图为SAED图

3.2.2.4　花状MoO_2的生长机理

为了研究花状MoO_2多级结构的生长机理，将体系的反应时间控制在10 min~24 h，并利用SEM和TEM跟踪了反应时间对生成的前驱体形貌的影响。基于前面的讨论，推断花状MoO_2多级结构的生长包括以下4个过程：首先是传统的成核过程，然后核聚集成纳米粒子，接下来纳米粒子堆积成微

米棒，最后微米棒自组装成多级结构的花。在反应的初始阶段，溶液的过饱和引起了最初的晶种成核，由于这一过程比较难捕捉，所以没有得到相关的成核信息。当最初的晶核达到一定量的时候，晶核继续生长聚集成相对较大的纳米粒子，此时的纳米粒子相互堆积在一起，如图 3－3(a)所示。之后，由于热力学稳定性的趋势，所形成的纳米粒子遵循择优生长的原则各向异性生长，有规律地相互叠加形成微米棒，如图 3－3(b)所示。同时，微米棒由于定向附着作用，自组装成向外放射状的花状结构。随着反应的进一步进行，纳米结构通过 Ostwald 熟化机制继续生长，最终形成花状三维多级结构，如图 3－3(c)所示。

3.2.3 花状 $\alpha-MoO_3$的气敏性能

为了考察花状 $\alpha-MoO_3$ 的气敏性能，实验将制备的 $\alpha-MoO_3$ 纳米材料制成厚膜器件，测试其对三乙胺气体的气敏性能。图 3－11(a)为工作温度在 250～370 ℃时，花状 $\alpha-MoO_3$ 器件对 100 ppm 乙醇、丙酮、氯苯、氨气和三乙胺 5 种气体的灵敏度图。随着工作温度的升高，花状 $\alpha-MoO_3$ 器件对三乙胺气体的灵敏度明显降低，在 250 ℃对 100 ppm 三乙胺气体的灵敏度达到最大值，为 416，比已报道的由 ZnO 纳米棒、SnO_2 纳米棒、海胆状 $\alpha-Fe_2O_3$、V_2O_5 空心球、$CoFe_2O_4$ 纳米晶体及 $NiFe_2O_4$ 纳米棒等组装的器件对 100 ppm 三乙胺气体的灵敏度高，详见表 3－1。花状 $\alpha-MoO_3$ 器件在 370 ℃对 100 ppm 三乙胺气体的灵敏度最低，为 1.5。当工作温度低于 250 ℃时，由于器件在空气中稳定时的电阻超出了测试系统的检测范围，不能确定器件对气体的响应情况，因此花状 $\alpha-MoO_3$ 器件对三乙胺气体的最佳工作温度为 250 ℃。

在图 3－11(a)中，花状 $\alpha-MoO_3$ 器件对乙醇、丙酮、氯苯和氨气 4 种气体的灵敏度随温度的变化则不明显，因此将花状 $\alpha-MoO_3$ 器件在 250～370 ℃对这 4 种气体的灵敏度单独作图，如图 3－11(b)所示。花状 $\alpha-MoO_3$ 器件在 250～370 ℃温度范围内，对乙醇和丙酮 2 种气体的灵敏度趋势类似，都是先增大后减小，花状 $\alpha-MoO_3$ 器件对乙醇和丙酮的最佳工作温度均为 330 ℃，其中，在最佳工作温度下，对 100 ppm 乙醇的灵敏度不超过 6，对 100 ppm 丙酮的灵敏度不超过 3。此外，随着温度的升高，花状 $\alpha-MoO_3$ 器件对氨气和氯苯的灵敏度基本不变，均为 1.5 左右，说明花状 $\alpha-MoO_3$ 器件对氨气和氯苯的响应不灵敏，而且温度变化对灵敏度的影响不大。

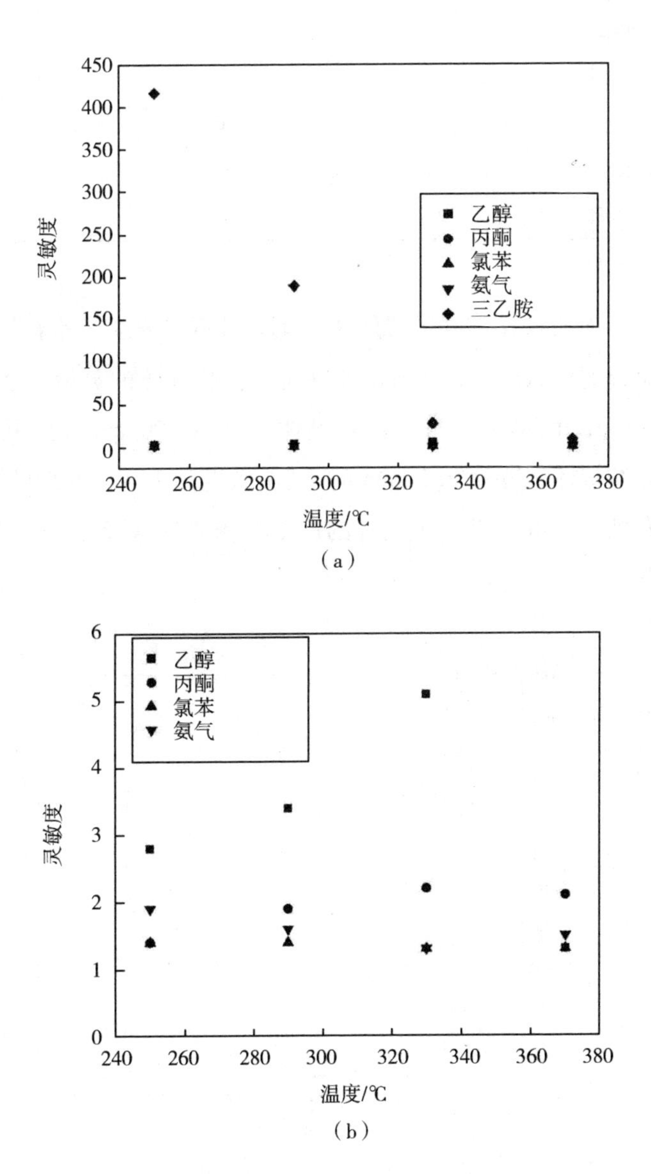

图 3-11　(a) 花状 $\alpha-MoO_3$ 器件在 250 ~ 370 ℃ 对 100 ppm 乙醇、丙酮、氯苯、氨气和三乙胺及 (b) 同条件下对 100 ppm 乙醇、丙酮、氯苯、氨气的灵敏度

表 3-1　花状 $\alpha-MoO_3$ 及报道的其他气敏材料对三乙胺的灵敏度

气敏材料	三乙胺浓度/ppm	工作温度/℃	灵敏度
花状 $\alpha-MoO_3$	100	250	416
ZnO 纳米棒	100	150	160
SnO_2纳米棒	100	350	140
海胆状 $\alpha-Fe_2O_3$	100	350	19
V_2O_5空心球	100	370	7.3
$CoFe_2O_4$纳米晶体	100	190	8
$NiFe_2O_4$纳米棒	100	175	100

图 3-12 为花状 $\alpha-MoO_3$ 器件在 250 ℃对不同浓度三乙胺气体的灵敏度。由图可以看出，花状 $\alpha-MoO_3$ 器件对三乙胺气体的灵敏度随着三乙胺气体浓度的升高而增大。当三乙胺气体浓度为 100 ppm 时，其灵敏度为 416；当三乙胺气体浓度为 0.5 ppm 时，其灵敏度为 1.4。由此可知，具有多级结构的花状 $\alpha-MoO_3$是一种极佳的用于检测痕量(0.5 ppm)三乙胺气体的气敏材料。

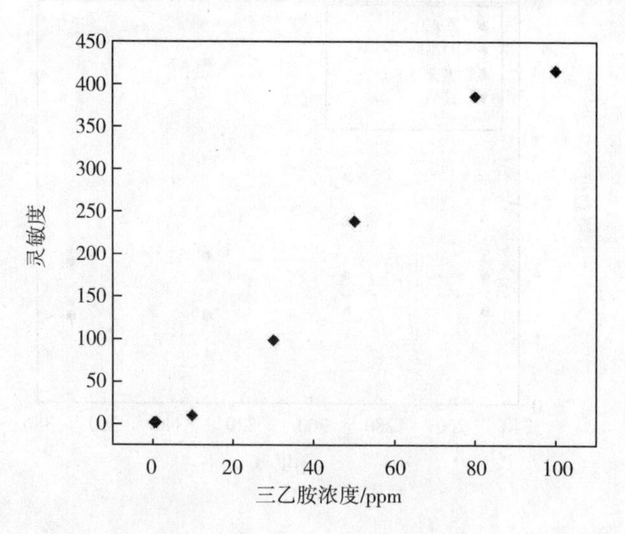

图 3-12　花状 $\alpha-MoO_3$器件在 250 ℃对不同浓度三乙胺气体的灵敏度

为了考察花状 $\alpha-MoO_3$ 的气体选择性，分别在 250 ~ 370 ℃ 时，对

100 ppm乙醇、丙酮、氯苯、氨气和三乙胺5种气体进行了测定，结果如图3-13所示。工作温度在250～370 ℃范围内，花状$\alpha-MoO_3$器件对三乙胺气体有着很高的灵敏度（416），而对于乙醇、丙酮、氯苯、氨气等4种气体的气敏性能相对较差，灵敏度均不超过6，说明花状$\alpha-MoO_3$纳米材料对三乙胺有非常好的选择性。

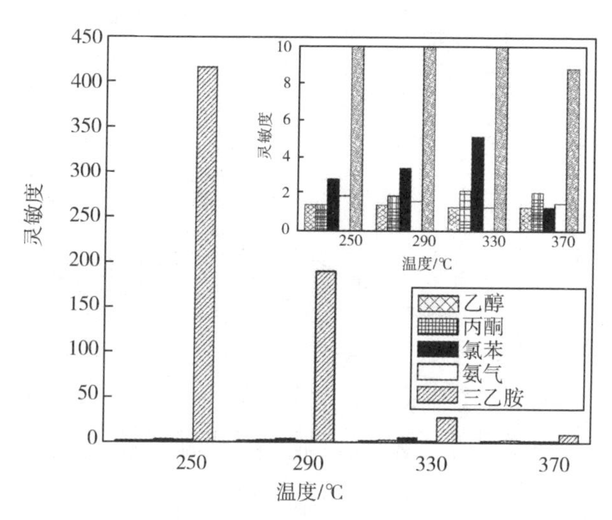

图3-13　花状$\alpha-MoO_3$器件在250～370 ℃对100 ppm不同气体的灵敏度柱状图

为了进一步说明花状$\alpha-MoO_3$的气体选择性，在250 ℃时，用花状$\alpha-MoO_3$器件对100～800 ppm乙醇、丙酮、氯苯、氨气4种气体进行了测定，结果如图3-14所示。在100～800 ppm的浓度范围内，随着乙醇和氨气浓度的升高，花状$\alpha-MoO_3$器件对乙醇和氨气的灵敏度也增大，同时对乙醇和氨气的灵敏度均有很好的线性关系，其中对乙醇的灵敏度的相对标准偏差为$R^2=0.9961$，对氨气的相对标准偏差为$R^2=0.9769$。花状$\alpha-MoO_3$器件对氯苯和丙酮的灵敏度几乎保持不变（约为1.6）。总而言之，即使当以上4种气体的浓度达到800 ppm时，花状$\alpha-MoO_3$器件对它们的灵敏度均不超过8。进一步说明了在工作温度为250 ℃时，花状$\alpha-MoO_3$器件对三乙胺气体有非常好的选择性，因此可以应用于复杂环境中对三乙胺气体的检测。

气敏器件的长期稳定性和重复性也是考察材料实际应用的重要指标。实验选用了同条件下制备的5个花状$\alpha-MoO_3$器件，在250 ℃对100 ppm的三乙胺气体进行气敏性能测试,如图3-15所示。所有的花状$\alpha-MoO_3$器件显示出同样的响应结果,而且对气体的灵敏度振幅不超过8%。测定的10个月之内,花状$\alpha-MoO_3$器件对三乙胺气体的灵敏度保持在最初测定值的97% ± 2%。这说明花状$\alpha-MoO_3$器件有很好的稳定性和重复性,可应用于实际生产生活中对三乙胺气体的检测。

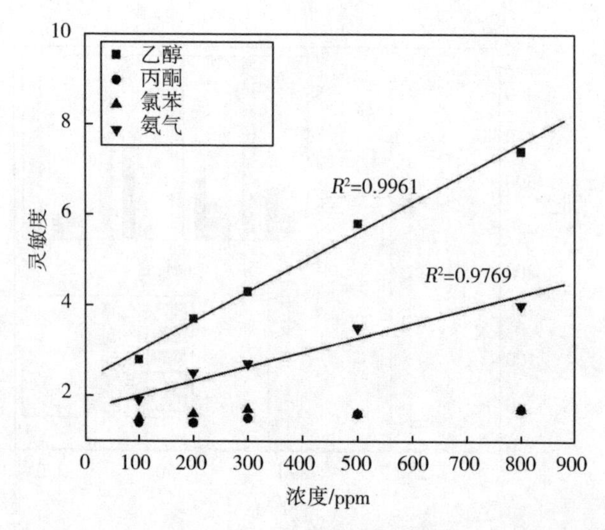

图3-14 花状$\alpha-MoO_3$器件在250 ℃对100~800 ppm不同气体的灵敏度

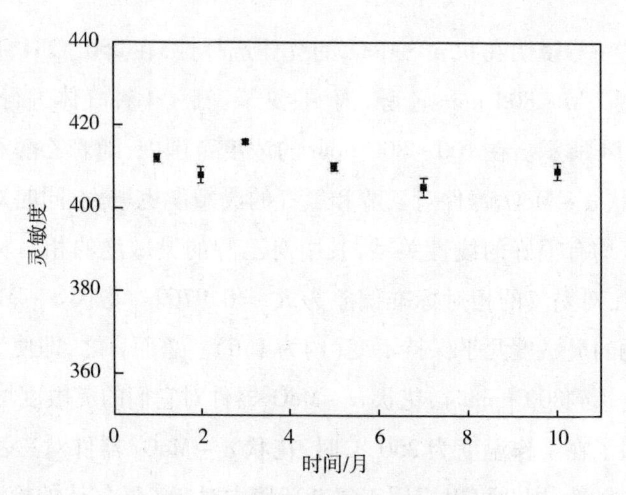

图3-15 花状$\alpha-MoO_3$器件在储存不同时间后,于250 ℃对100 ppm三乙胺气体的灵敏度变化图

图3-16为花状$\alpha-MoO_3$器件在250 ℃下对0.5~100 ppm三乙胺气体的响应-恢复曲线。当花状$\alpha-MoO_3$器件与三乙胺气体接触时，电阻值迅速下降，在短时间内达到最小并趋于平稳，证明了$\alpha-MoO_3$具有n型半导体的特征。当花状$\alpha-MoO_3$器件脱离了三乙胺气体，在空气中稳定一段时间后，能够恢复到初始的电阻值。花状$\alpha-MoO_3$器件对0.5 ppm和100 ppm三乙胺气体的响应时间较短，分别是35 s和8 s，但恢复时间较长，对0.5 ppm和100 ppm三乙胺气体的恢复时间分别是653 s和3370 s。

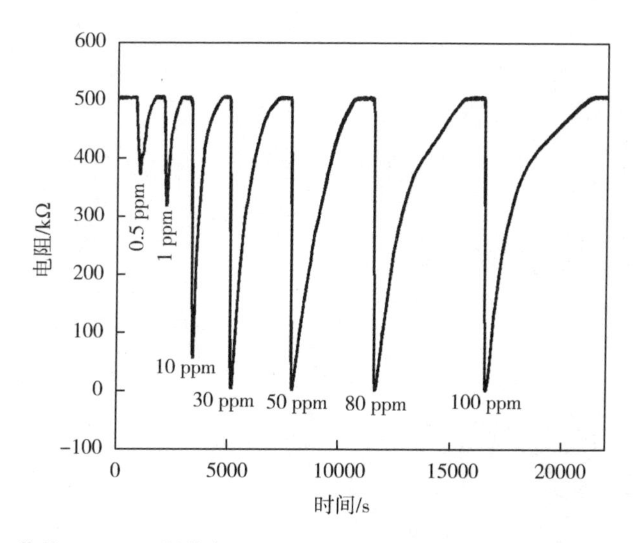

图3-16　花状$\alpha-MoO_3$器件在250 ℃对不同浓度三乙胺气体的响应-恢复曲线

3.3　本章小结

1.以乙酰丙酮氧钼为原料，正丁醇为溶剂，硝酸为酸源，采用溶剂热法成功合成了花状多级结构MoO_2前驱体，将MoO_2前驱体在空气气氛中400 ℃热处理2 h，得到多级结构花状$\alpha-MoO_3$。反应体系中硝酸的浓度、反应温度以及反应时间等对产物的形貌有着非常大的影响。制备花状MoO_2前驱体的较佳反应条件为：乙酰丙酮氧钼溶液的浓度为0.012 $mol \cdot L^{-1}$，硝酸浓度为6 $mol \cdot L^{-1}$，反应温度为180 ℃，反应时间为24 h。

2. 溶剂热法制备的 MoO_2 前驱体形貌为多级结构花状，在空气气氛中经 400 ℃热处理 2 h 后，产物的形貌基本保持不变，其直径为 3 ~ 5 μm，由粗糙的微米棒构筑而成，微米棒直径为 150 ~ 200 nm，从花中心向外放射状生长。

3. 多级结构花状 $\alpha-MoO_3$ 纳米材料组装的厚膜器件对三乙胺气体有很高的灵敏度、选择性和稳定性。在 250 ℃时，对 100 ppm 三乙胺气体的灵敏度高达 416，最低检测限为 0.5 ppm，可用于复杂环境中对痕量三乙胺气体的检测。

第4章　多级结构花状 $\alpha-MoO_3$（构筑单元为纳米带）的制备与气敏性能

4.1　引言

气体传感性能取决于被测气体在传感层上的吸附及其与传感材料的后续反应，这意味着传感材料的表面形貌和结构对气体传感性能有显著影响。由低维纳米单元组装而成的三维多级纳米结构因其特殊的形态、大的比表面积和不易团聚的性能，有利于气体扩散和电荷移动而备受关注。结果表明，各种多级金属氧化物，如 SnO_2、ZnO、WO_3、Fe_2O_3、In_2O_3、NiO、Co_3O_4等，可以提高灵敏度、选择性和响应速度。此外，通过湿化学法、水热法、微波水热法和电沉积法已经制备了由一维纳米带、纳米棒以及二维纳米片组装的三维多级结构 MoO_3。上述大多数过程通常比较复杂或需要表面活性剂和模板，而这些模板必须经过复杂程序才能去除。此外，目前的工作主要集中在合成方法和形成过程的基础研究，而材料的性质特别是气敏性能和多级结构 $\alpha-MoO_3$的气敏机理很少有报道。

前面采用溶剂热法并在空气中热处理制备了多级结构 MoO_3，其构筑单元是多晶纳米微棒。这种花状 $\alpha-MoO_3$气体传感器对三乙胺气体具有优异的气敏性能，但相对较高的工作温度（250 ℃）和检测限（0.5 ppm）仍需改进。为了进一步提高 $\alpha-MoO_3$对三乙胺气体的气敏性能，需要合成由具有高指数晶面的构筑单元组装的多级结构 MoO_3，并研究相应的气敏机理。

本章通过一步溶剂热法制备了多级结构花状 $\alpha-MoO_3$，构筑单元由具有(010)暴露晶面的一维单晶纳米带构成，在 170 ℃下实现了三乙胺气体的高选择性、高灵敏度和准确的检测，对比了同体系下合成的3种不同形态的 $\alpha-MoO_3$ 气敏性能与其形貌间的关系。此外，进一步探讨了多级结构花状 $\alpha-MoO_3$ 的气敏机理，并提出了一种新的气敏机制模型。

4.2 实验结果与讨论

4.2.1 反应条件对产物形貌的影响

在探索 MoO_3 的形成过程中，发现反应条件对合成前驱体的形貌有非常重要的影响，其中较为重要的几个条件依次为乙酸和水的比例、反应温度和反应时间，因此下面着重探讨这几个因素对于花状 MoO_3 前驱体形貌的影响。

4.2.1.1 乙酸浓度对产物形貌的影响

为了考察此溶剂热反应中乙酸的浓度对产物形貌的影响，将反应温度定为150 ℃，反应时间定为8 h，溶剂的总量为35 mL，改变乙酸与水的体积比，即乙酸与水的体积比分别为35/0、33/2和25/10。所得产物形貌的SEM如图4-1所示。

当溶剂为纯的乙酸时，如图4-1(a)所示，所得产物形貌均一，为球状结构，球的尺寸为1~1.5 μm，表面光滑且分散性较好；当溶剂为33 mL乙酸与2 mL去离子水的混合液时，如图4-1(b)所示，水热反应后得到构筑单元为纳米带的花状结构，尺寸大约是10 μm；当溶剂为25 mL乙酸与10 mL去离子水的混合液时，所得产物形貌均一，为长度10 μm左右的纳米带。由此可知，水的存在有利于松散的纳米带生长，因此，为了获得形貌均一的花状 MoO_3，较佳溶剂体积配比为33 mL乙酸和2 mL去离子水。

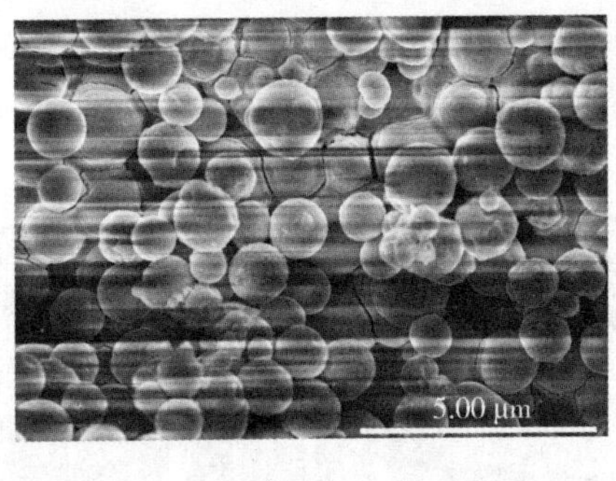

(a)

(b)　　(c)

图4-1　不同乙酸和水的体积比条件下制备的 MoO_3 前驱体的 SEM 图

(a)35/0;(b)33/2;(c)25/10

4.2.1.2　反应温度对产物形貌的影响

在反应过程中保持反应体系的总体积为 35 mL,且反应体系中乙酸与去离子水的体积比为 33∶2,反应时间为 8 h 时,调节体系的反应温度分别为 120 ℃、140 ℃、150 ℃、160 ℃和 180 ℃,考察反应温度对产物形貌的影响,所得产物形貌如图 4-2 所示。反应温度对产物影响较大。当反应温度为 120 ℃时,如图 4-2(a)所示,所得产物形貌不均一,多为棒状和片状,同时存在少量的纳米带;当反应温度为 140 ℃时,如图 4-2(b)所示,产物为形貌比较均匀的纳米片构成的花状 MoO_3 前驱体,直径为 5~10 μm;当反应温度为 150 ℃时,如图 4-2(c)所示,产物为形貌均匀的纳米带构成的花状 MoO_3,直径为 5~10 μm;当反应温度为 160 ℃时,如图 4-2(d)所示,产物形貌较均一,大多数为微球并伴有少量的片状以及不完整的刺球状产物,其中大多数为尖端较为尖锐的纳米带,微球直径约为 5 μm;当反应温度进一步提高到 180 ℃时，如图 4－2(e)所示，产物均为块状。由此可知，反应体系的最佳反应温度应为 150 ℃，此后的反应中均将温度确定为 150 ℃。

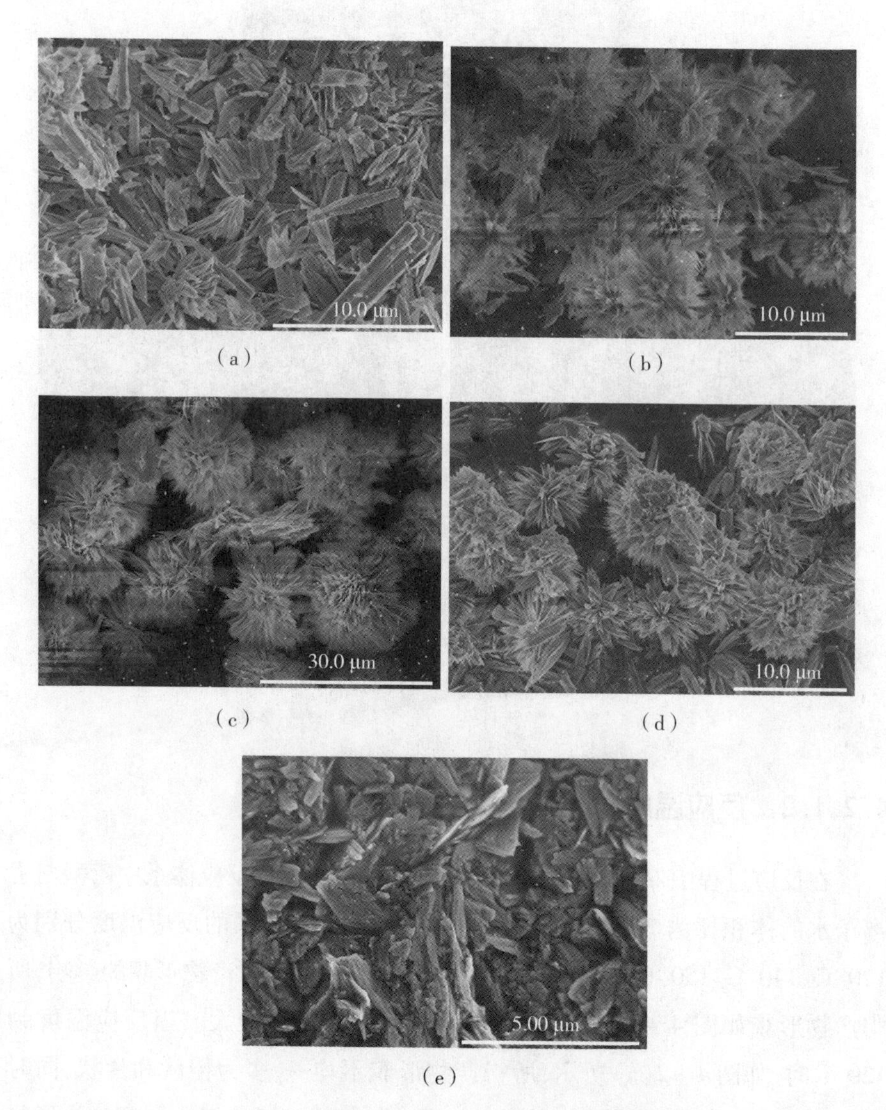

图 4－2　在不同的反应温度下所得 MoO_3 的 SEM 图

(a)120 ℃；(b)140 ℃；(c)150 ℃；(d)160 ℃；(e)180 ℃

4.2.1.3　反应时间对产物形貌的影响

在其他反应条件保持不变时，考察反应时间对产物形貌的影响。所得产物形貌如图4－3所示。

当反应时间为1 h时,产物由纳米片构成,如图4－3(a)所示,纳米片之间紧密排列在一起,形成了类似玉米叶的形状,两端较为尖锐;当反应时间为2 h时,如图4－3(b)所示,产物由纳米带聚集体初步组装,形成星状纳米结构;当反应时间为4 h时,如图4－3(c)所示,产物形成了由纳米带构筑的花状结构,但是花的大小不均一;当反应时间为8 h时,如图4－3(d)所示,产物仍为花状结构,构筑单元为纳米带,花的直径大约是10 μm;而反应时间为16～24 h时,产物则为排布更为紧密的纳米带构筑而成的花状微球,如图4－3(e)和图4－3(f)所示,花分散得不均匀,很多粘连在一起。由此可知,反应时间对产物的形貌和产量有一定影响,随着反应时间的延长,产量增大。考虑到产物的形貌均一性、分散性、产量和反应能耗,将最佳反应时间定为8 h。

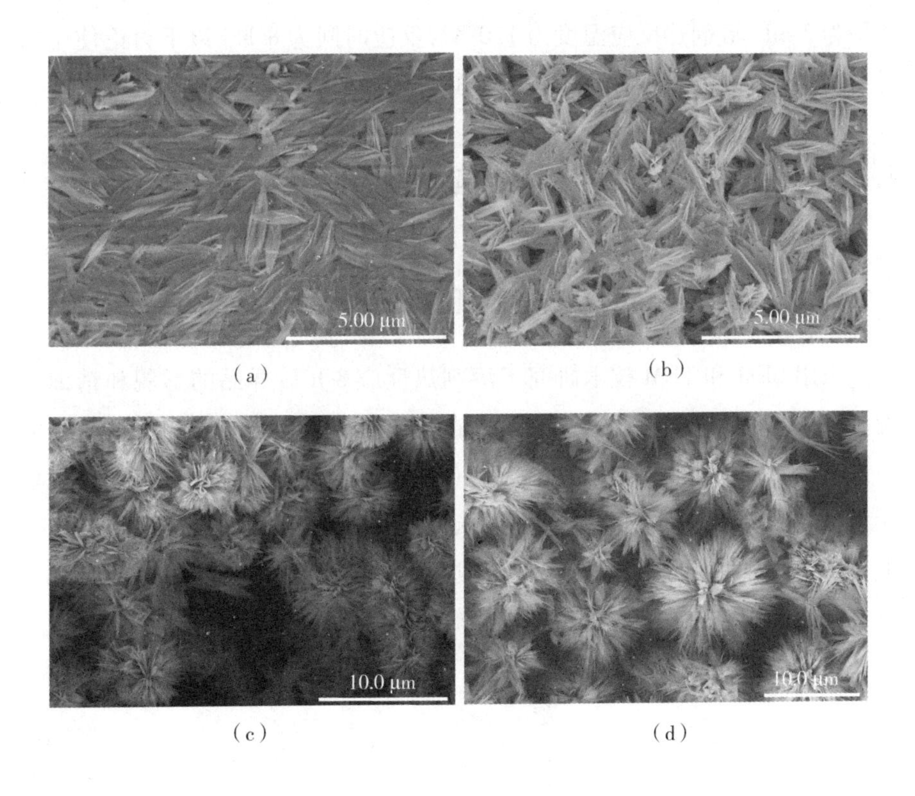

(a)　　(b)

(c)　　(d)

(e)　　(f)

图 4-3　不同反应时间所得产物的 SEM 图

(a)1 h;(b)2 h;(c)4 h;(d)8 h;(e)16 h;(f)24 h

根据以上讨论,确定了制备花球状 MoO_3 多级结构较佳的反应条件,即体系中乙酰丙酮氧钼浓度为 0.012 mol·L^{-1},乙酸体积为 33 mL,去离子水体积为 2 mL,溶剂热反应温度为 150 ℃,反应时间为 8 h。以下讨论使用的材料均为此条件下制备的前驱体及经热处理后的产物。

4.2.2　花状 $\alpha-MoO_3$的结构表征

4.2.2.1　花状 $\alpha-MoO_3$的形貌和精细结构

采用 SEM 和 TEM 技术研究了溶剂热反应 8 h 后样品的形貌和精细结构。图 4-4(a)是产物的 SEM 图,花结构饱满,大小均一,分散性好,直径大约是 10 μm。从图 4-4(b)和图 4-4(c)中可以清楚地观察到,花的构筑单元为厚度为 20~30 nm 的纳米带,纳米带前端尖锐且边缘粗糙,这些纳米带由一个中心放射状向外生长,最终形成花。

图4-4　多级结构$\alpha-MoO_3$的SEM图

此外,采用TEM对所得样品的精细结构进行了研究。如图4-5(a)和图4-5(b)所示,多级纳米结构由宽度为40~60 nm和长度为2~3 μm的纳米带组成,纳米带以花的中心呈径向生长并且彼此紧密重叠在一起,这一结果与SEM是一致的。此外,图4-5(c)证明了晶格条纹间距约为0.39 nm,对应于$\alpha-MoO_3$的(100)晶面。从能量的角度看,$\alpha-MoO_3$的各晶面生长速率如下:(001)>(100)>(010),即纳米带沿(001)方向优先生长。同时,选区电子衍射图是从垂直于纳米带的生长轴线观察并记录的,即视角为$\alpha-MoO_3$纳米带的(010)区域,表明了其单晶性质并进一步证实了纳米带是沿着(001)晶面优先生长的。详细说明如图4-5(d)所示,(010)和(100)晶面沿纵向包围纳米带面,(001)晶面包围其两端。因此,最大的暴露表面是(010)晶面。

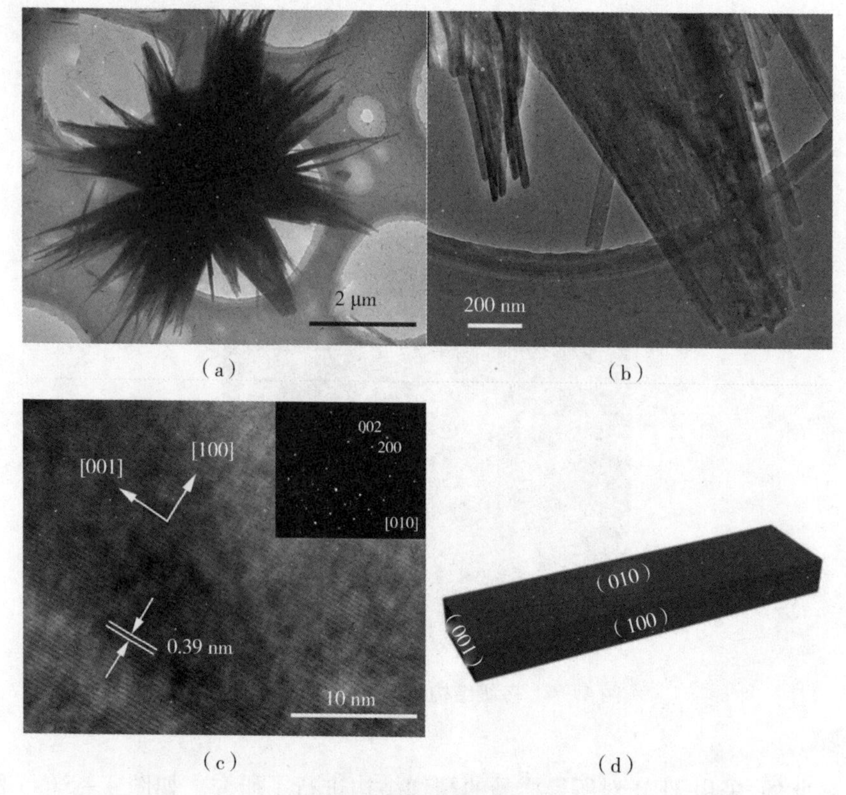

(a) (b)

(c) (d)

图 4-5 (a)、(b)多级结构 $\alpha-MoO_3$ 的 TEM 图和(c)HRTEM 图，插图为 SAED 图；(d)不同生长方向的 $\alpha-MoO_3$ 纳米带

4.2.2.2 花状 $\alpha-MoO_3$ 的物相

利用 XRD 对样品的结构和相组成进行了研究。图 4-6 表明，所有的衍射峰都可以归属于 $\alpha-MoO_3$(JCPDS No. 05-0508)，未见其他杂质的峰，说明产物为纯 $\alpha-MoO_3$，衍射峰很强且尖锐，说明产物结晶度很高。

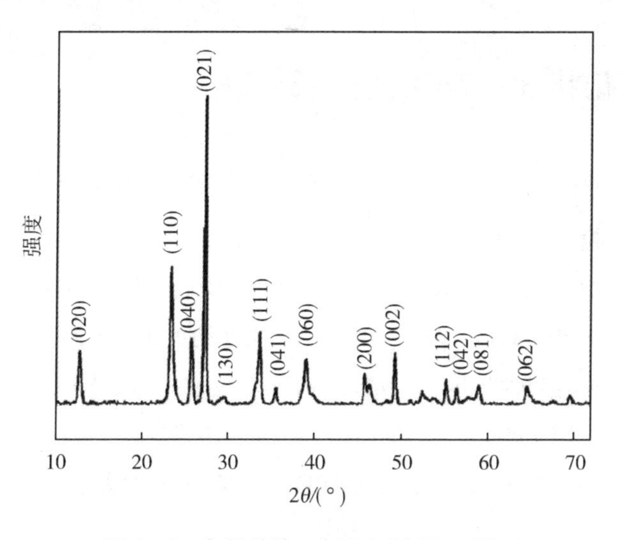

图4-6　多级结构α-MoO_3的XRD图

产物的FT-IR光谱如图4-7所示，553 cm^{-1}、836 cm^{-1}、1003 cm^{-1}、1621 cm^{-1}和3441 cm^{-1}处有5个主峰。500~1000 cm^{-1}区域对应的是Mo—O键的伸缩振动峰，553 cm^{-1}处对应的是Mo_3—O键的伸缩振动峰，836 cm^{-1}处对应的是Mo_2—O键的伸缩振动峰，1003 cm^{-1}处对应的是Mo═O键的伸缩振动峰，这表明产物为α-MoO_3。此外，3441 cm^{-1}和1621 cm^{-1}处对应的分别是吸附在MoO_3上的微量水分子的O—H键的伸缩振动峰和弯曲振动峰。因此，FT-IR与XRD结果表明，所得产物确实是纯相α-MoO_3。

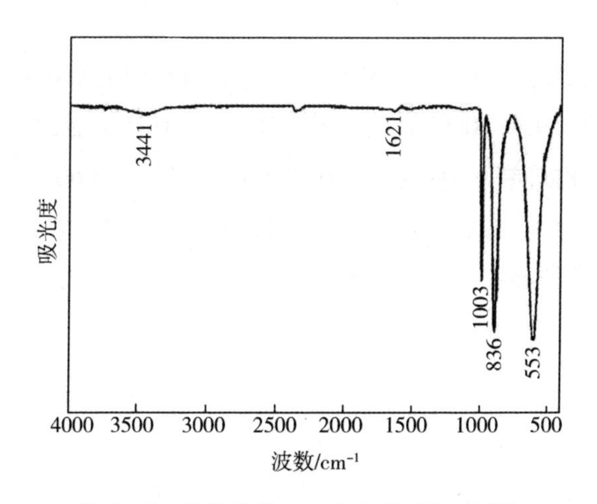

图4-7　多级结构α-MoO_3的FT-IR图

4.2.3 花状 α - MoO_3 的生长机理

为了研究花状 α - MoO_3 的生长过程，采用 TEM 技术跟踪了不同反应时间产物的形貌，如图 4 - 8 所示。图 4 - 8(a) 为 150 ℃下反应 5 min 时样品的 TEM 图。产物为直径为 40 nm 的纳米粒子。从图 4 - 8(b) 中可以观察到，反应时间达到 30 min 时，产物为纳米带，宽度约为 50 nm，纳米带相互叠加在一起。当反应时间为 2 h 时，多数纳米带聚集在一起，进一步形成星状纳米结构，如图 4 - 8(c) 所示。当反应时间为 8 h 时，如图 4 - 8(d) 所示，形成花状 α - MoO_3，α - MoO_3 是由紧密叠加的纳米带构筑而成的。

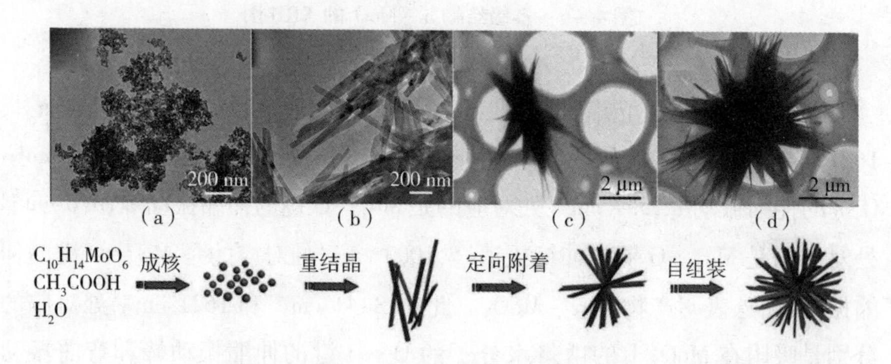

图 4 - 8 不同反应时间生成产物的 TEM 图及对应的花状 α - MoO_3 的形成过程图

(a)5 min; (b)30 min; (c)2 h; (d)8 h

图 4 - 9 为纳米粒子和纳米带的 XRD 图，所有衍射峰都可以归属于 α - MoO_3(JCPDS No. 05 - 0508)。在反应时间为 30 min 时，形成了花状 α - MoO_3 的纳米带构筑单元；曲线(b)中(020)、(040)和(060)3 个明显的衍射峰表明在(0*k*0)方向高度各向异性地生长，这是有利晶体生长的方向，这也从 HRTEM 分析结果中得到了证实。

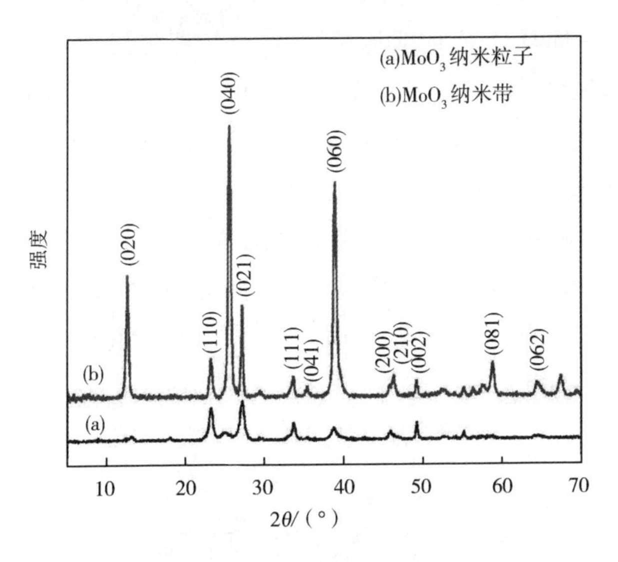

图4－9　$\alpha-MoO_3$纳米粒子和纳米带的XRD图

基于上述信息，花状多级结构$\alpha-MoO_3$的生长机理可以用图4－8说明。第一步，通过常规成核，在适当的酸性条件下形成初始纳米粒子。随后，当反应溶液达到溶解极限时，纳米粒子沿着(001)优先定向溶解并重结晶成纳米带，从能量的角度来看，这有利于降低界面能，从而形成具有最大暴露表面(010)的纳米带。然后，随着反应的进行，这些纳米带有规律地相互堆叠并定向附着形成松散的星状纳米结构。最后，通过进一步定向附着和自组装过程，逐渐形成了完整的多级结构花状$\alpha-MoO_3$。

4.2.4　花状$\alpha-MoO_3$的气敏性能

为了研究$\alpha-MoO_3$纳米材料形貌对气敏性能的影响，对比了溶剂热反应温度为150 ℃，反应时间为5 min、30 min和8 h后生成的纳米粒子(Mo－NP)、纳米带(Mo－NB)和纳米花(Mo－FL)3种气体传感器的气敏性能。图4－10为3种气体传感器对10 ppm三乙胺气体的温度－灵敏度曲线。在170～290 ℃温度范围内，3种气体传感器对10 ppm三乙胺气体的灵敏度随工作温度的升高呈现相同的变化趋势，即3种气体传感器对三乙胺气体的灵敏度随着工作温度升高而降低，这可能是由于气敏材料本身的特性和三乙

胺分子在 $\alpha-MoO_3$ 表面的吸附/脱附。当气体传感器在 170 ℃暴露于 10 ppm的三乙胺气体中时,三乙胺气体分子被吸附在 $\alpha-MoO_3$ 表面并被氧化,表明在相对低的工作温度(170 ℃)下,反应的活性很高。然而,随着温度的升高,越来越多的三乙胺分子从 $\alpha-MoO_3$ 表面脱附,从而降低了三乙胺气体的有效吸附量,气体传感器的灵敏度逐渐减小。由于这 3 种气体传感器的电阻在低于 170 ℃时都超过了测试系统的检测范围,因此选择 170 ℃作为 3 种气体传感器的最佳工作温度,比前一章的工作温度低 80 ℃。

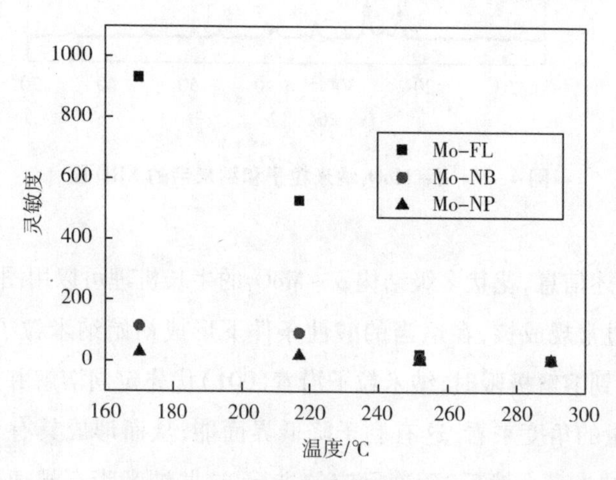

图 4 – 10　花状 $\alpha-MoO_3$ 气体传感器在不同温度下对 10 ppm 三乙胺气体的灵敏度

图 4 – 11 描述了在 170 ℃时 Mo – NP、Mo – NB 和 Mo – FL 气体传感器的灵敏度与三乙胺气体的浓度之间的相关性。三乙胺气体的浓度在 0.001 ~ 10 ppm 范围内,3 种气体传感器的灵敏度都随着气体浓度的升高而增加,其中 Mo – FL 的灵敏度比同条件下 Mo – NP 和 Mo – NB 的灵敏度要高,以更大的幅度增长,特别是在较高浓度范围内。Mo – FL 气体传感器对 10 ppm 三乙胺气体的灵敏度高达 931.2,分别是 Mo – NB(114.9)和 Mo – NP (27.6)的 8.2 倍和 33.7 倍。此外,Mo – FL 气体传感器对灵敏度的最低检测限为 0.001 ppm,其灵敏度为 5.1,进一步证明了 Mo – FL 优异的气敏性能,而 Mo – NP 和 Mo – NB 气体传感器对三乙胺气体的最低检测限分别是 0.1 ppm 和 0.01 ppm。此外,Mo – FL 气体传感器的灵敏度与三乙胺气体浓度之间存在良好的线性关系。三乙胺气体的浓度为 0.001 ~ 1 ppm 时,线性

相关系数 $R^2=0.9993$；三乙胺气体的浓度为 1 ~ 10 ppm 时，线性相关系数 $R^2=0.9911$。因此，基于花状 $\alpha-MoO_3$ 的气体传感器可以实时监测 ppm 级别甚至 ppb 级别的三乙胺气体。

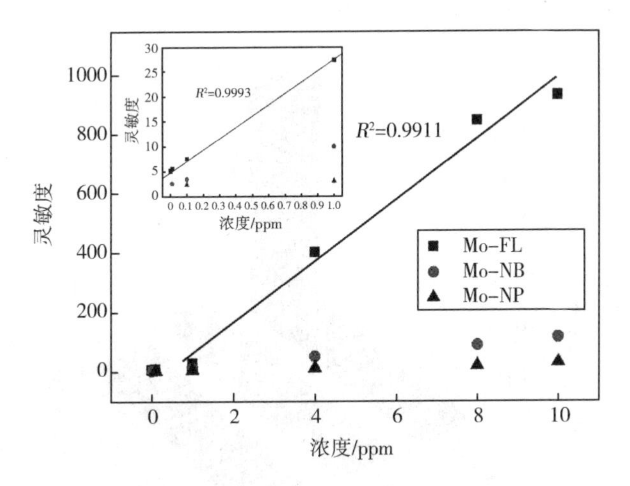

图 4 - 11　花状 $\alpha-MoO_3$ 气体传感器在 170 ℃对不同浓度三乙胺气体的灵敏度

为了考察 $\alpha-MoO_3$ 气体传感器的选择性，实验研究了 170 ℃时，3 种气体传感器对 10 ppm 的氨气、氯苯、丙酮、乙醇、二甲胺、三甲胺和三乙胺气体的响应，如图 4 - 12 所示。Mo - NP、Mo - NB 和 Mo - FL 气体传感器对 10 ppm 的氨气、氯苯、丙酮和乙醇的响应很弱，灵敏度均不大于 3.4。Mo - NP、Mo - NB 和 Mo - FL 气体传感器对 10 ppm 的三甲胺和二甲胺气体的响应很弱，灵敏度分别为 3.3 和 2.2、12.3 和 8.6 及 32.7 和 21。然而，与其他气体相比，Mo - NP、Mo - NB 和 Mo - FL 气体传感器均对三乙胺气体的灵敏度和选择性要高得多。$\alpha-MoO_3$ 气体传感器对三乙胺气体的高选择性可归因于目标气体的特性和 MoO_3 纳米材料的酸性氧化物性质。在氨气、氯苯、丙酮、乙醇、二甲胺、三甲胺和三乙胺中，三乙胺有 3 个乙基，特别是与氨气中的 3 个氢原子相比，为其提供了较大的电离能力。同时，三乙胺中的氮原子有 1 对孤电子，易失去形成键，因此，在最佳工作温度 170 ℃下，三乙胺气体更易被吸附到路易斯酸活性位上。在 170 ℃下，Mo - FL 气体传感器对 0.001 ~ 10 ppm 三乙胺气体的响应 - 恢复曲线如图 4 - 13 所示。当接触三乙胺气体时，电阻立即下降并达到最小值，符合 n 型半导体氧化物的气敏特性。很显然,其瞬间变化具有快速响应特性和良好的可逆性。Mo - FL 气体传感器对 0.001 ppm 三乙胺气体的响应时间为 31 s,对 10 ppm 三乙胺气体的响应时间为 25 s。

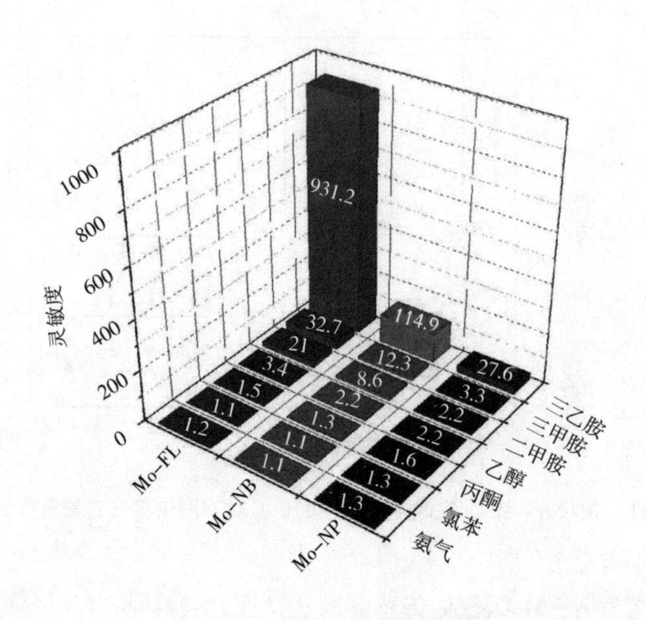

图 4 – 12　花状 $\alpha - MoO_3$ 气体传感器件在 170 ℃对 100 ppm 不同气体的灵敏度柱状图

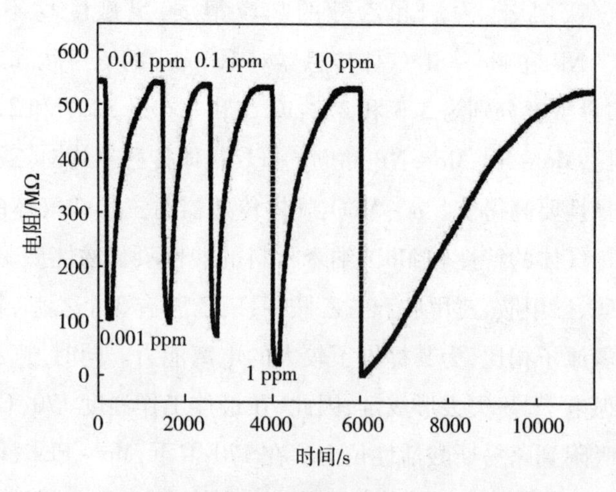

图 4 – 13　花状 $\alpha - MoO_3$ 厚膜器件在 170 ℃下对不同浓度三乙胺气体的响应 – 恢复曲线

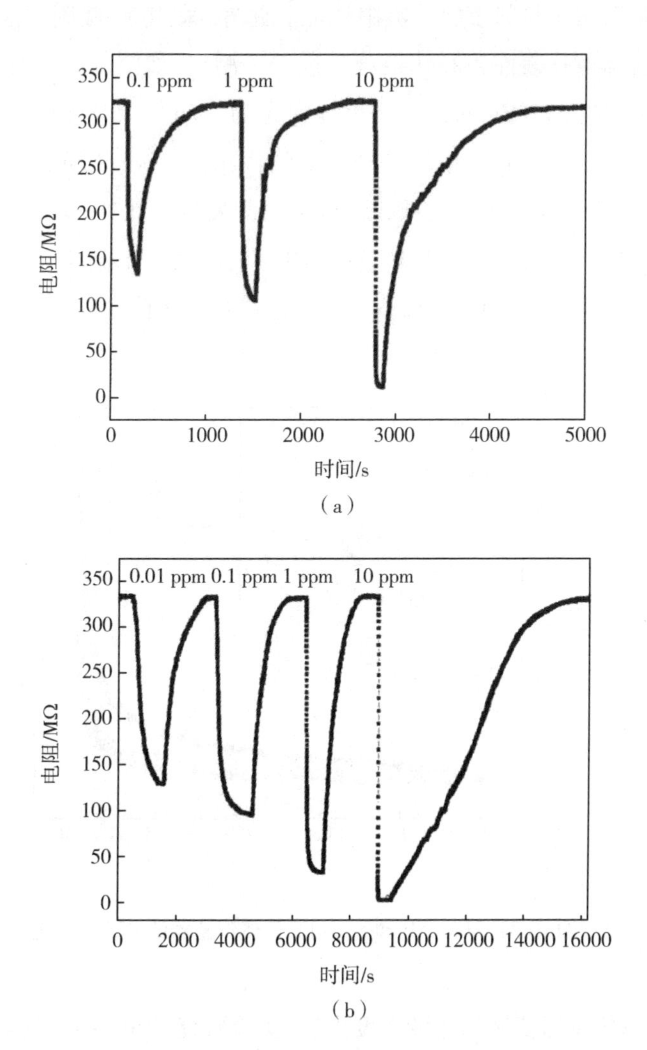

图 4－14 (a) Mo－NP 和 (b) Mo－NB 气体传感器对不同浓度三乙胺气体的响应－恢复曲线

图 4－14(a)和图 4－14(b)分别显示了在 170 ℃时，Mo－NP 气体传感器对 0.1～10 ppm 三乙胺气体和 Mo－NB 气体传感器对 0.01～10 ppm 三乙胺气体的响应－恢复曲线。与 Mo－NP 和 Mo－NB 气体传感器相比，Mo－FL 气体传感器在不同温度、不同浓度下对三乙胺气体的灵敏度最高，或者说在 170 ℃下对三乙胺气体的选择性更高、响应更快。气敏性能的改善部分归因于 $\alpha-MoO_3$的高暴露晶面(010)，因为特殊的暴露晶面提高了表面活性，

从而有效地改善了材料表面的吸附性能。此外,采用 N_2 吸附-脱附法对3种气体传感器的比表面积和孔径分布进行了测定,如图4-15所示。Mo-NP、Mo-NB和Mo-FL的比表面积分别为11.5 $m^2 \cdot g^{-1}$、19.8 $m^2 \cdot g^{-1}$和34.8 $m^2 \cdot g^{-1}$。由此可以看出,三维多级结构花状 $\alpha-MoO_3$ 可以提供更大的比表面积,减少低维纳米构筑单元团聚现象的发生。此外,在1~180 nm孔径范围内,Mo-FL比Mo-NP和Mo-NB具有更大的孔隙,使 $\alpha-MoO_3$ 表面能更有效地吸附气体,更有利于气体分子的扩散和吸附。

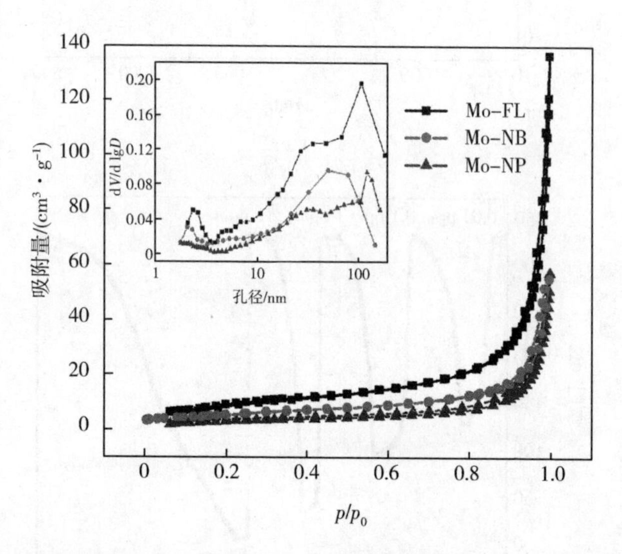

图4-15 Mo-NP、Mo-NB和Mo-FL气体传感器的BET和孔径分布图

从气体传感器实际应用的角度出发,实验研究了Mo-FL气体传感器在工作温度为170 ℃的条件下的长期稳定性,如图4-16所示。在5个月内,Mo-FL气体传感器保持了原始灵敏度的97% ±2%,证实了Mo-FL气体传感器良好的长期稳定性。

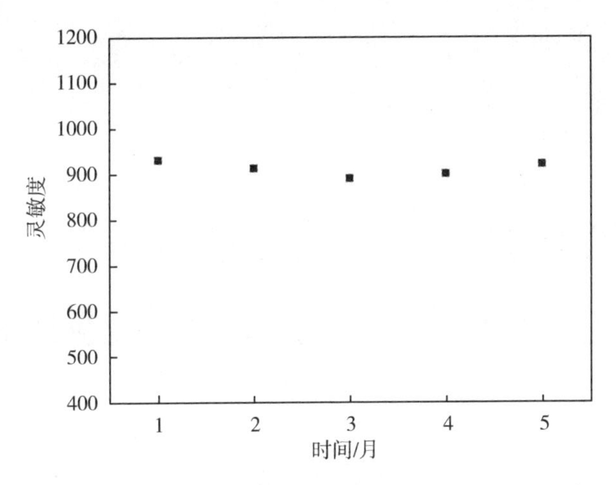

图4-16　Mo-FL气体传感器储存不同时间后，于170 ℃条件下对10 ppm三乙胺气体的灵敏度变化图

4.3　本章小结

1. 以乙酰丙酮氧钼为原料，乙酸为酸源，采用简单的溶剂热法合成了多级结构花状$\alpha-MoO_3$纳米材料，该实验的最佳反应条件为：乙酰丙酮氧钼浓度为0.012 $mol \cdot L^{-1}$，乙酸体积为33 mL，去离子水体积为2 mL，溶剂热反应温度为150 ℃，反应时间为8 h。

2. 合成的MoO_3花直径大约是10 μm，构筑单元为厚度为20~30 nm的纳米带，纳米带前端尖锐且边缘粗糙，这些纳米带由一个中心放射状向外生长，最终形成花。

3. 将花状$\alpha-MoO_3$制备成气体传感器并进行气敏性能测试，实验结果显示：该气体传感器对10 ppm三乙胺气体的灵敏度为931.2，分别是同体系生成的$\alpha-MoO_3$纳米带和纳米粒子的灵敏度的8.2和33.7倍。对三乙胺气体的最低检测限为0.001 ppm。

4. 基于花状$\alpha-MoO_3$的气体传感器是化学工业中实时测定ppb至ppm级三乙胺气体的优良候选材料。本章研究对探讨其他具有相似纳米结构的半导体金属氧化物在其他领域的应用具有重要意义。

第5章　多级结构 $\alpha-MoO_3$ 空心球的制备与气敏、吸附性能

5.1　引言

众所周知，气体传感器的响应是目标气体首先被气敏材料表面吸附，然后再与气敏材料反应而实现的。中空的多级结构气敏材料因多孔而且壳层较薄，能够避免块体的团聚，同时具有比较大的比表面积，能在气体分子通过纳米多孔结构时提供有效的气体扩散通路，避免气体只与材料表层的电子耗尽层中的电子反应，实现目标气体与气敏材料充分的接触，进而提高气体传感器的灵敏度并缩短响应时间。因此，设计合理的、具有中空多级结构的纳米材料成为新型气敏材料研究的热点之一。例如，Kim 等人利用水热法合成了多级结构 SnO_2 空心微球，与 SnO_2 实心微球相比，对 30 ppm 乙醇的灵敏度从 7 提高到 18，响应时间从 90 s 缩短至 1 s。Zhang 等人利用水热法合成的中空结构海胆状 $\alpha-Fe_2O_3$ 纳米材料对 32 ppm 乙醛的灵敏度为 $\alpha-Fe_2O_3$ 纳米立方体的 5 倍。

目前对 MoO_3 空心球的制备报道不多。Liu 等人在嵌段共聚物 $E_{45}B_{14}E_{45}$ 的作用下，合成了 MoO_3 纳米空心球。Li 等人以树脂微球作为硬模板，合成了直径为 60~120 μm 的 MoO_3 空心球，但制备过程需要模板或表面活性剂，要想获得空心结构还需要后续的高温处理，制备过程比较烦琐，而且该空心球并未应用在气体传感器的研究中。因此，研究简单的制备多级结构且空心的 MoO_3 纳米材料的方法，并将其应用于气敏性能测试十分必要。

第3章中虽然采用溶剂热法制备了花状多级结构 MoO_3，其对三乙胺气

体表现出较高的灵敏度和突出的选择性,但是工作温度和检测限仍需要改进。通过前面的研究发现,以乙酰丙酮氧钼为钼源,正丁醇为溶剂,硝酸为酸源时,在降低硝酸的浓度并提高溶剂热反应的温度时才有利于微球的形成。因此,本章拟设计简单的溶剂热法制备多级结构 MoO_3 空心球,通过考察实验过程中影响空心球形成的几个重要因素,即反应体系中硝酸的浓度、反应温度、反应时间及盐的浓度等,获取制备 MoO_3空心球的较佳合成条件。同时,跟踪 $\alpha-MoO_3$空心球的生长过程,研究多级结构空心球的形成机理,提高材料对三乙胺气体的灵敏度,降低工作温度。

5.2　实验结果与讨论

5.2.1　反应条件对产物形貌的影响

在探索 MoO_2 微球的形成过程中,反应条件对于所合成前驱体的形貌有非常重要的影响,如硝酸的浓度、反应温度、反应时间、乙酰丙酮氧钼的加入量,因此下面着重探讨这几个反应条件对于纯 MoO_2 前驱体微球形貌的影响。

5.2.1.1　硝酸浓度对产物形貌的影响

将体系中乙酰丙酮氧钼的浓度固定为 0.012 $mol \cdot L^{-1}$,溶剂热温度为 220 ℃,反应时间为 12 h 时,保持体系中的正丁醇溶剂体积为 30 mL,滴加的硝酸体积为 5 mL,硝酸浓度依次变为 0.5 $mol \cdot L^{-1}$、1 $mol \cdot L^{-1}$、5 $mol \cdot L^{-1}$、10 $mol \cdot L^{-1}$和 14 $mol \cdot L^{-1}$,图 5-1 为 MoO_2 前驱体的 SEM 图。当硝酸浓度为 0.5 $mol \cdot L^{-1}$时,如图 5-1 (a)所示,MoO_2前驱体为粒径大小不均一的微球,其中夹杂着纳米棒;当硝酸浓度为1 $mol \cdot L^{-1}$时,如图 5-1 (b)所示,MoO_2前驱体为分散性很好的微球,微球分布均匀,直径为 400 ~ 600 nm,从个别微球可见其空心结构;当硝酸浓度为 5 $mol \cdot L^{-1}$时,如图 5-1(c)所示,MoO_2前驱体为形貌不一的带状、空心球和一些微粒的混合体系;

当硝酸浓度为 10 mol · L^{-1}时，如图 5 - 1(d)所示，MoO_2前驱体为粒径较大、分布不均匀的微球的聚集体；当硝酸浓度为 14 mol · L^{-1}时，如图 5 - 1(e)所示，MoO_2 前驱体为一些十分微小的圆形微粒，形貌比较整齐。

由以上分析可知，当硝酸的浓度为 1 mol · L^{-1}时，所得到的 MoO_2 前驱体为球形，且粒径均匀、分散性好。因此，在后续的合成中，选择硝酸浓度为 1 mol · L^{-1}。

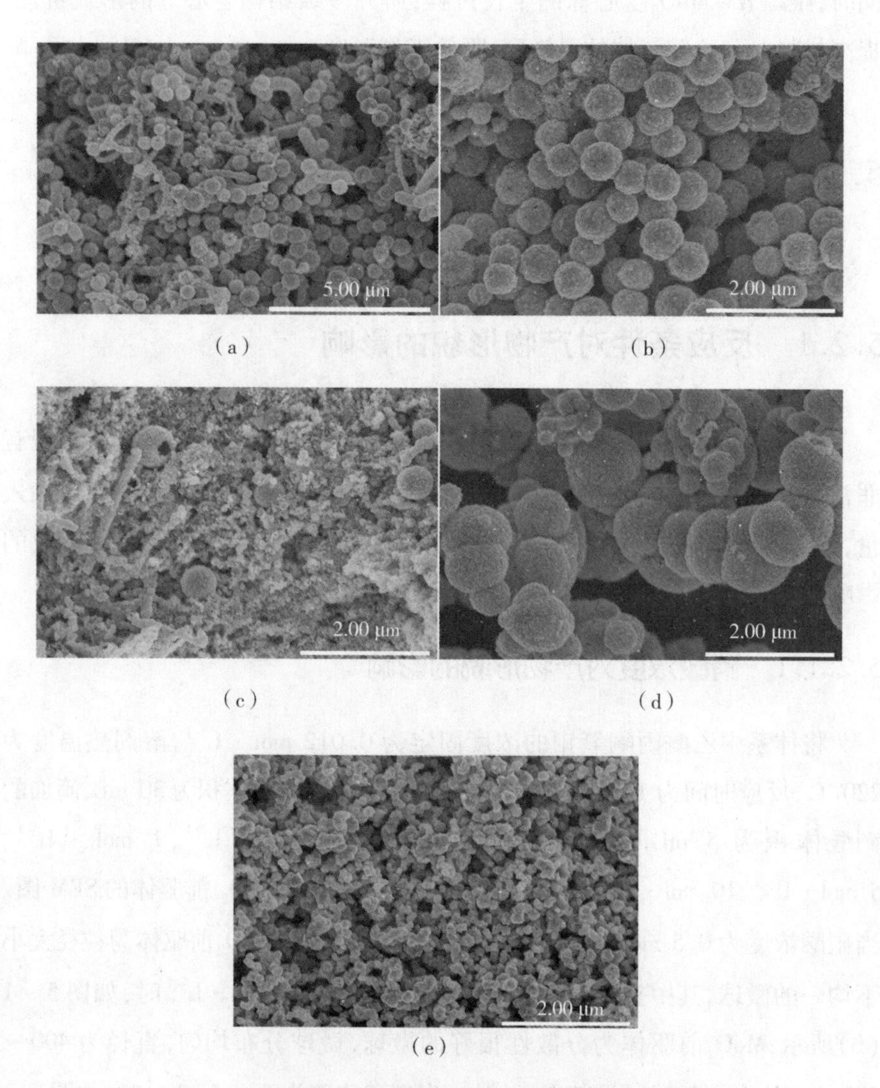

(a) (b) (c) (d) (e)

图 5 - 1　不同硝酸浓度制备的 MoO_2 前驱体的 SEM 图

(a)0.5 mol · L^{-1}；(b)1 mol · L^{-1}；(c)5 mol · L^{-1}；(d)10 mol · L^{-1}；(e)14 mol · L^{-1}

5.2.1.2　反应温度对产物形貌的影响

当体系中乙酰丙酮氧钼的浓度为0.012 mol · L^{-1},反应时间为12 h时,保持体系中的正丁醇溶剂体积为30 mL,滴加的硝酸(1 mol · L^{-1})体积为5 mL,反应温度依次变为150 ℃、180 ℃、200 ℃和220 ℃,图5-2为MoO_2前驱体的SEM图。

图5-2　在不同的反应温度下所得前驱体的SEM图

(a)150 ℃;(b)180 ℃;(c)200 ℃;(d)220 ℃

当反应温度为150 ℃时,如图5-2(a)所示,产物形貌均一,多为纳米带;当反应温度为180 ℃时,如图5-2(b)所示,产物形貌不均一,为微球、纳米带和纳米粒子混合体系,与150 ℃生成的纳米带相比厚度增加;当反应温度为200 ℃时,如图5-2(c)所示,微球明显增多,纳米带减少,产物为微球与纳米带混合体系;当反应温度为220 ℃时,如图5-2(d)所示,产物为分散均匀的微球,直径为400~600 nm。

由此可知,反应温度越高,形成微球的趋势越明显,产物形貌从纳米带到纳米带与微球的混合体系,最后在温度为 220 ℃时,产物完全变成分散均匀的微球。因此,制备 MoO_2 前驱体微球的最佳温度为 220 ℃,此后的条件探索中均将反应温度固定在 220 ℃。

5.2.1.3 反应时间对产物形貌的影响

将体系中乙酰丙酮氧钼的浓度固定在 0.012 mol · L^{-1},溶剂热温度为 220 ℃,保持体系中正丁醇溶剂的体积为 30 mL,滴加的硝酸(1 mol · L^{-1})体积为 5 mL,反应时间依次设定为 1 h、2 h、3 h、4 h、5 h、12 h、24 h 和 36 h,图 5-3 为 MoO_2 前驱体的 SEM 图。当反应时间为 1 h 时,如图 5-3(a)所示,得到的产物非纳米材料;当反应时间为 2 h 时,如图 5-3(b)所示,产物呈微球状,分散均匀,粒径为 500 nm 左右;当反应时间为 3 h 时,如图 5-3(c)所示,产物大部分为微球,微球分为表面光滑和表面粗糙两种,并伴有不均一的粒子;当反应时间为 4 h 时,如图 5-3(d)所示,产物均为表面粗糙的微球,且微球的总体尺寸变大,粒径为 400~600 nm,从破损的微球可以看出,产物可能为核壳状球;当反应时间为 5 h 时,如图 5-3(e)所示,产物仍呈微球状,还有少量的颗粒状产物聚集体,微球尺寸不均一;当反应时间为 12 h 时,如图 5-3(f)所示,产物为大量的分散性很好的微球,尺寸大小均匀,粒径为 400~600 nm,形状规则;当反应温度为 24 h 和 36 h 时,如图 5-3(g)和图 5-3(h)所示,微球尺寸逐渐增大,而且尺寸不均匀,有杂乱的微粒聚集体。根据以上分析,将制备微球的最佳反应时间确定为 12 h,所以在后续的合成当中,反应时间均为 12 h。

(a) (b)

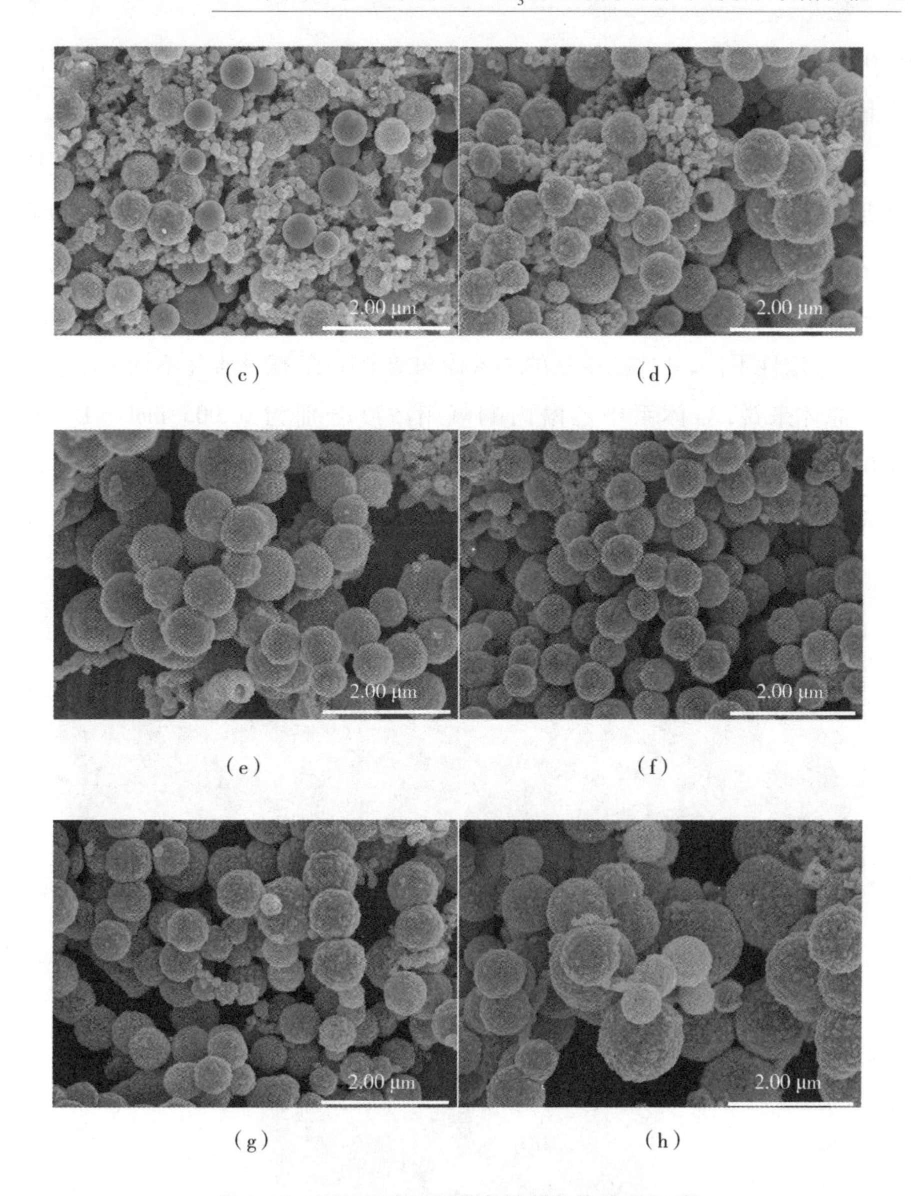

(c) (d)

(e) (f)

(g) (h)

图5-3 不同反应时间制备的前驱体的SEM图

(a)1 h;(b)2 h;(c)3 h;(d)4 h;(e)5 h;(f)12 h;(g)24 h;(h)36 h

5.2.1.4 反应物浓度对产物形貌的影响

保持体系中正丁醇溶剂的体积为30 mL,滴加的硝酸($1\ mol \cdot L^{-1}$)体积为5 mL,乙酰丙酮氧钼的浓度依次变为$0.005\ mol \cdot L^{-1}$、$0.012\ mol \cdot L^{-1}$和

0.024 mol · L^{-1},在温度为220 ℃时反应12 h制备的 MoO_2 前驱体的SEM图如图5-4所示。

当乙酰丙酮氧钼的浓度为0.005 mol · L^{-1}时,如图5-4(a)所示,产物为形貌均一、分散性很好的微球,尺寸为400 nm左右;当乙酰丙酮氧钼的浓度为0.012 mol · L^{-1}时,如图5-4(b)所示,产物为分散性很好的微球,尺寸为400~600 nm;当乙酰丙酮氧钼的浓度为0.024 mol · L^{-1}时,如图5-4(c)所示,分散性不佳,并伴随少量的纳米棒和纳米粒子,微球直径不均一。

总体来说,当体系中乙酰丙酮氧钼浓度分别为0.005 mol · L^{-1}和0.012 mol · L^{-1}时,得到的 MoO_2 前驱体形貌较好,但考虑到微球的产量,将乙酰丙酮氧钼的浓度确定为0.012 mol · L^{-1}。

(a) (b) (c)

图5-4 不同乙酰丙酮氧钼浓度制备的 MoO_2 前驱体的SEM图

(a)0.005 mol · L^{-1};(b)0.012 mol · L^{-1};(c)0.024 mol · L^{-1}

根据以上讨论,确定了制备微球状 MoO_2 多级结构较佳的反应条件,即体系中乙酰丙酮氧钼浓度为0.012 mol · L^{-1},正丁醇体积为30 mL,滴加的硝酸(1 mol · L^{-1})体积为5 mL,溶剂热反应温度为220 ℃,反应时间为12 h。以下讨论使用的材料均为此条件制备的前驱体及热处理后的产物。

5.2.2 $\alpha-MoO_3$空心球的结构表征

5.2.2.1 $\alpha-MoO_3$空心球前驱体的热分析

为了确定产物的热处理温度及稳定性,利用热重分析仪对前驱体的热稳定性进行了分析。图5-5为前驱体的TG曲线。由图可以看出,产物在整个升温过程中有3个变化阶段:首先,在温度低于300 ℃时,有一个明显的失重过程,这是失去样品表面物理吸附水和残留有机物的过程;其次,300~380 ℃温度范围内,有一个增重阶段,表明前驱体和空气中的氧气发生反应,生成了MoO_3,此结论在后面的XRD分析中可以得到证实;最后,当温度高于380 ℃直到720 ℃时,图中曲线没有明显变化,说明此温度范围内产物稳定,然而当温度高于720 ℃时,样品迅速失重,对应的是MoO_3的升华过程。为了得到稳定及纯净的$\alpha-MoO_3$纳米材料,热处理温度应为400 ℃,因此,选择在400 ℃对前驱体热处理2 h。

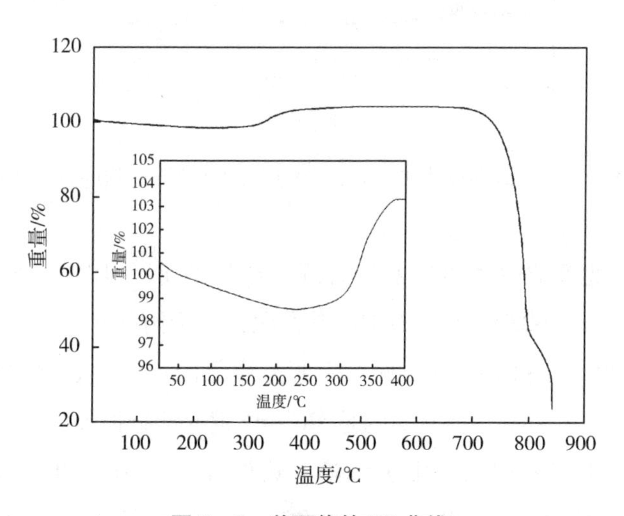

图5-5 前驱体的TG曲线

5.2.2.2 多级结构 $\alpha-MoO_3$ 空心球的物相

为了确定溶剂热法合成得到的前驱体和热处理后产物的晶相和纯度，采用 XRD 技术对其进行分析。图 5-6 为制得的前驱体和 400 ℃热处理后 $\alpha-MoO_3$ 的 XRD 图，其中曲线(a)为前驱体的 XRD 图，经与图库中标准卡片(JCPDS No. 65-5787)比对可知，前驱体为纯相的 MoO_2。为了得到稳定的 $\alpha-MoO_3$，将前驱体在空气气氛中 400 ℃热处理 2 h，前驱体粉末颜色由黑色变为白色，相应的 XRD 如曲线(b)所示，经与图库中标准卡片(JCPDS No. 05-0508)对比，所有的衍射峰与 $\alpha-MoO_3$ 吻合，衍射峰很强且尖锐，说明产物结晶度很高。

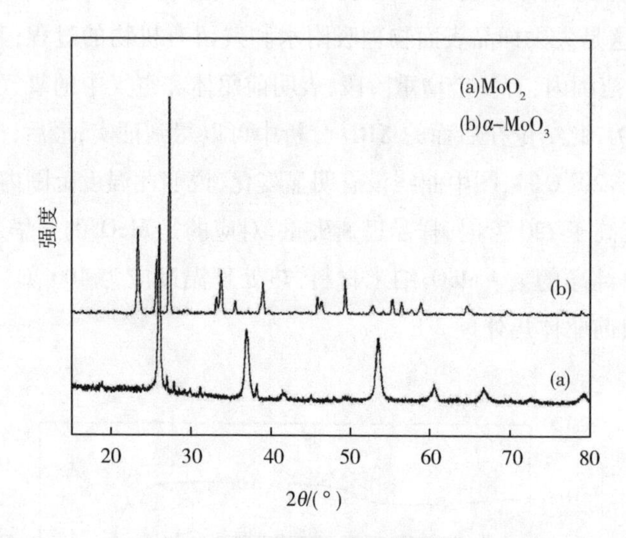

图 5-6 (a)前驱体和(b)在 400 ℃热处理 2 h 产物的 XRD 图

图 5-7 为前驱体和 400 ℃热处理后产物的 FT-IR 图，如曲线(a)所示，3407 cm^{-1} 和 1623 cm^{-1} 处对应的是前驱体中吸附的水分子中 O—H 键的伸缩和弯曲振动峰；1394 cm^{-1} 处对应的是残留的有机化合物中的 C—C 键的伸缩振动峰；955 cm^{-1} 处对应的是 Mo ═O 键的伸缩振动峰；785 cm^{-1} 处对应的是 Mo—O—Mo 键的伸缩振动峰。热处理后产物的 FT-IR 图如曲线(b)所示，可见产物中已基本没有水和有机物官能团的红外吸收峰，3 个 MoO_3 的特征红外吸收峰强度明显增加。其中，995 cm^{-1} 处对应的是 Mo ═O

键的伸缩振动峰；873 cm^{-1}处对应是 Mo_2—O 键的伸缩振动峰；627 cm^{-1}处对应的是 Mo_3—O 键的伸缩振动峰。以上分析表明，在 400 ℃热处理以后，前驱体中的水和残留的有机杂质已经基本除去，生成的产物为纯相的 MoO_3，而且结晶度很高。以上结果进一步验证了 XRD 和 TG 的结论。

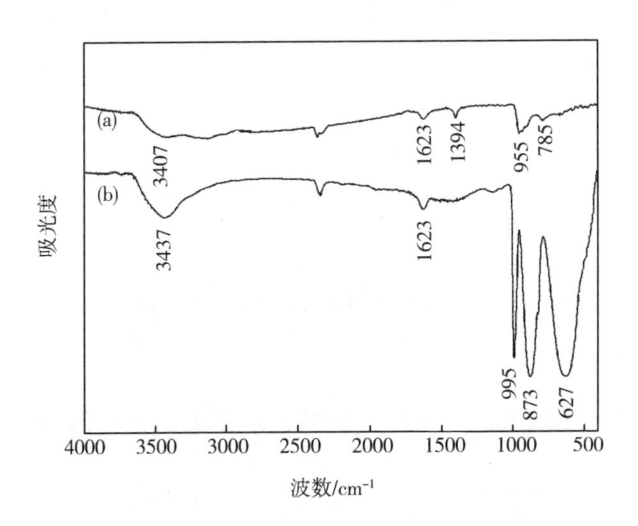

图 5-7 (a)前驱体和(b)在 400 ℃热处理 2 h 产物的 FT-IR 图

5.2.2.3 多级结构 α-MoO_3空心球的比表面积和孔径分布

为了探究材料的比表面积和孔径分布，将制备的 α-MoO_3空心球进行 N_2吸附-脱附测试。如图 5-8 所示，α-MoO_3 空心球的 N_2吸附-脱附曲线为Ⅳ型等温线，并带有 H3 滞后环，α-MoO_3 空心球的比表面积为 199.6 $m^2 \cdot g^{-1}$。图中插图为 α-MoO_3空心球的孔径分布图，孔径尺寸为 40 nm 左右，为介孔结构。综上分析，制备的多级结构 α-MoO_3空心球具有较大的比表面积和多孔结构，有利于其对染料的吸附。

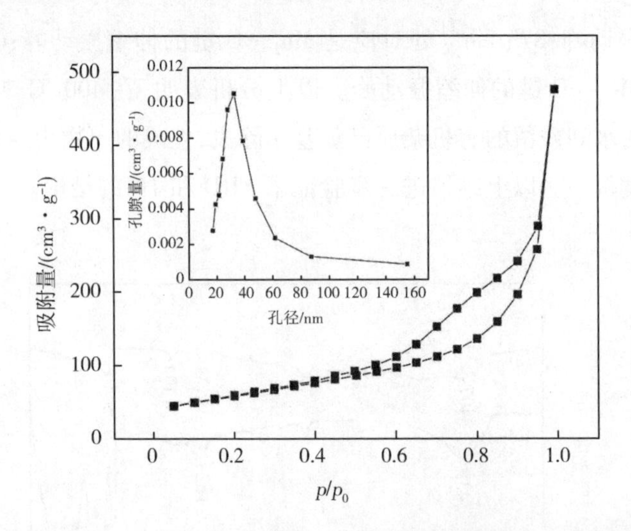

图 5-8　$\alpha-MoO_3$ 空心球的 N_2 吸附-脱附等温线及其孔径分布图(插图)

5.2.2.4　多级结构 $\alpha-MoO_3$ 空心球的形貌和精细结构

图 5-9 为前驱体在 400 ℃热处理前后的 SEM 图。如图 5-9(a)所示,前驱体为球状,分散性较好,尺寸均一,直径为 400~600 nm。从图5-9(b)可以看出,前驱体微球由粒径约为 50 nm 的纳米粒子构筑而成,而且是空心结构。图 5-9(c)为热处理后得到的 $\alpha-MoO_3$ 空心球的 SEM 图,可以看出空心结构没有发生变化,但球壳上的孔比前驱体的大,而且构筑单元由前驱体的纳米粒子变为直径约为 50 nm 的纳米棒。

（a）　（b）　（c）

图5－9　前驱体微球(a)和(b)以及$\alpha-MoO_3$微球(c)的SEM图

此外,采用TEM技术观察了多级结构$\alpha-MoO_3$空心球的精细结构,如图5－10所示。图5－10(a)和图5－10(b)为MoO_2前驱体的TEM图。由图5－10(a)可以看出,前驱体为空心微球,尺寸为450 nm,球壳厚度为40 nm;由图5－10(b)可以看出,球壳的构筑单元为纳米粒子,粒径为30 nm左右。图5－10(c)和图5－10(d)为热处理后$\alpha-MoO_3$空心球的TEM图。$\alpha-MoO_3$微球具有空心结构,其构筑单元为纳米棒,这与$\alpha-MoO_3$微球的SEM图相符合;由图5－10(d)可以更清晰地看出构筑单元的纳米棒直径为50 nm,长约100 nm,而且棒与棒相互堆叠,致使空心球的边缘非常粗糙。从图5－10(e)中可以测量出晶格条纹间距为0.37 nm和0.40 nm,分别与正交相的$\alpha-MoO_3$的(001)和(100)晶面相吻合,而且选区电子衍射图表明,产物为多晶。

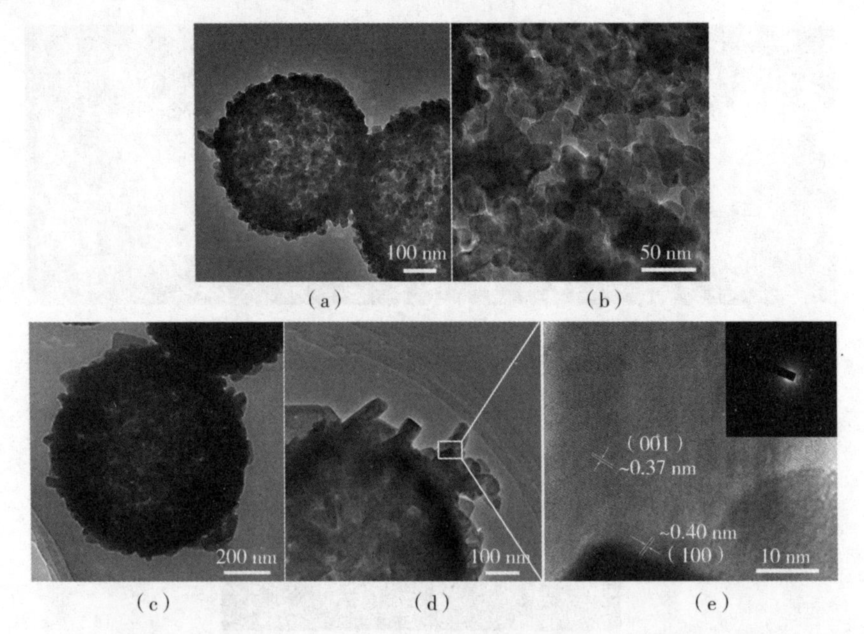

图 5-10　(a)、(b) MoO_2 前驱体的 TEM 图；(c)、(d) $\alpha-MoO_3$ 空心球的 TEM 图；(e) HRTEM 图，插图为 SAED 图

5.2.3　$\alpha-MoO_3$ 空心球的生长机理

为了研究多级结构 $\alpha-MoO_3$ 空心球的生长机理，实验将反应体系的反应时间控制在 2~24 h，并利用 SEM 和 TEM 跟踪了反应时间对前驱体形貌的影响，图 5-11 为不同反应时间制备的 MoO_2 前驱体的 TEM 图。当反应时间为 2 h 时，前驱体为表面光滑的实心球；当反应时间为 3 h 时，在实心球与溶剂的固-液界面发生了重结晶，球的表面逐渐覆盖了粒径为 20 nm 的纳米粒子，球表面变得粗糙；当反应时间为 4 h 时，球内部的晶粒松散地叠加在一起，产生了较大的表面能量，致使内部的晶粒更容易溶解，并且随着球外部的不断生长以及内部晶粒的不断消耗，逐渐形成了核壳纳米结构；当反应时间为 12 h 时，球内部的固体核逐渐被消耗，最后生成了空心球体，图中所见空心球由纳米粒子构筑而成。将空心球于 400 ℃热处理 2 h 后，构筑单元的纳米粒子变为纳米棒，同时，MoO_2 前驱体最终结晶成 $\alpha-MoO_3$。在晶相由 MoO_2 向 MoO_3 转变的过程中，空心球构筑单元的改变是在高温氧化过程中，纳米粒子的聚集、溶解及重结晶共同作用的结果。根据以上分析，α - MoO_3空心球的形成机理遵循了“inside - out”模式的 Ostwald 熟化机制，经历了从实心球到核壳球再到空心球的演变过程，类似的形成过程在制备 V_2O_5和MoO_2空心球的文献中均有报道。

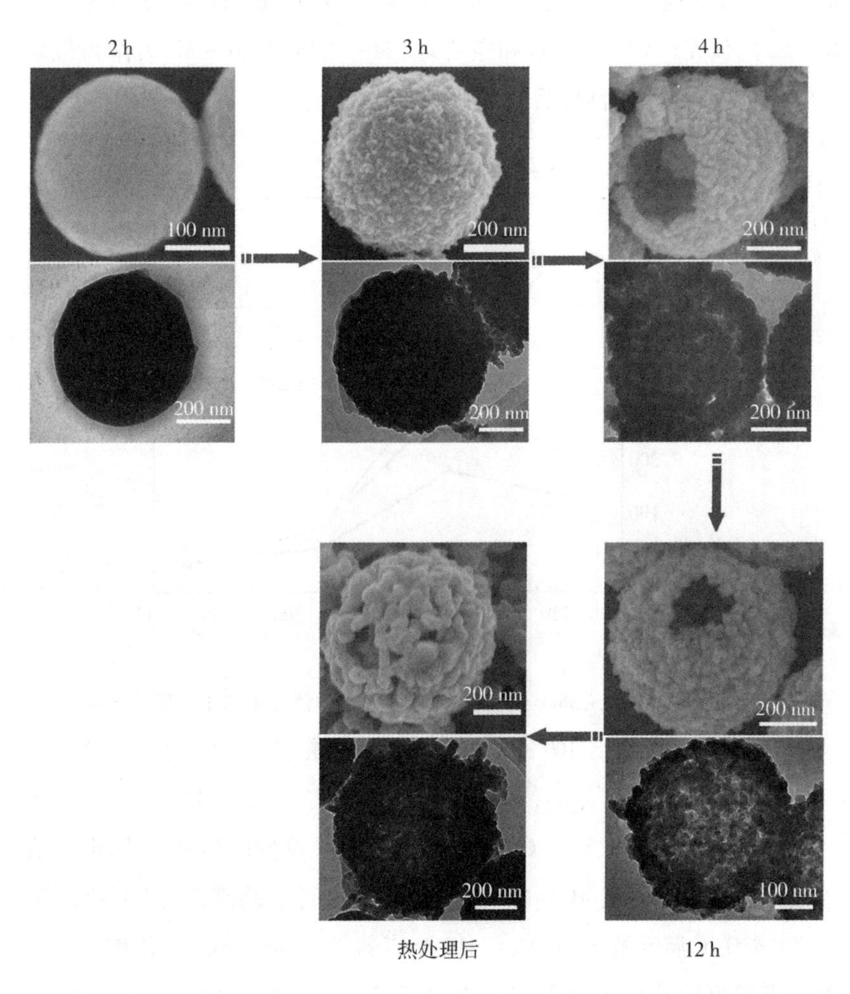

图 5 - 11　不同溶剂热反应时间和反应 12 h 并热处理后的前驱体的 TEM 图

5.2.4 $\alpha-MoO_3$空心球的气敏性能

为了研究$\alpha-MoO_3$纳米材料的形貌对气敏性能的影响，选择了在同一反应体系中，反应时间分别为2 h、4 h和12 h制备的形貌分别为实心球(Mo－SS)、核壳球(Mo－CS)和空心球(Mo－HS)的$\alpha-MoO_3$作为气敏材料，测试它们制成厚膜器件后的气敏性能。

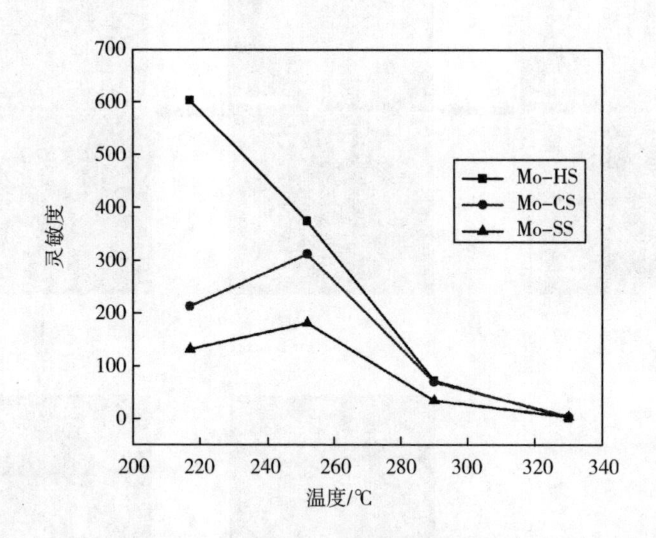

图5－12 Mo－SS、Mo－CS和Mo－HS厚膜器件在不同工作温度下对100 ppm三乙胺气体的灵敏度

为了确定Mo－SS、Mo－CS和Mo－HS厚膜器件的最佳工作温度，在不同温度下用3种器件对100 ppm三乙胺气体进行了测试，如图5－12所示。在217～330 ℃温度范围内，Mo－HS厚膜器件对100 ppm三乙胺气体的灵敏度随着温度的升高而降低，当温度为217 ℃时，Mo－HS厚膜器件对三乙胺气体的灵敏度最高，为603.8，在330 ℃时对三乙胺气体的灵敏度最低，为2.1，因此，Mo－HS厚膜器件对三乙胺气体的最佳工作温度为217 ℃。Mo－CS和Mo－SS厚膜器件对100 ppm三乙胺气体的灵敏度随着温度的变化呈现相似的趋势，即随着温度的升高，灵敏度先升高后降低，在252 ℃时，Mo－SS和Mo－CS 2种厚膜器件对100 ppm三乙胺气体的灵敏度达到最大值，分别为 313.1 和 183.1,当温度高于 252 ℃时,灵敏度降低。因此 Mo - SS 和 Mo - CS 2 种厚膜器件对三乙胺气体的最佳工作温度为 252 ℃。

图 5 - 13 为 Mo - SS、Mo - CS 和 Mo - HS 厚膜器件在各自的最佳工作温度下对 0.1 ~100 ppm 三乙胺气体的灵敏度。从图 5 - 13 可以看出,在各自的最佳工作温度下,随着三乙胺气体浓度的增加,Mo - SS、Mo - CS 和 Mo - HS 厚膜器件对其灵敏度也升高,而且对各浓度三乙胺气体的灵敏度顺序为 Mo - HS > Mo - CS > Mo - SS,即 Mo - HS 厚膜器件对各浓度的三乙胺气体的灵敏度均高于 Mo - SS 厚膜器件和 Mo - CS 厚膜器件。其中 Mo - HS 对 0.1 ppm 三乙胺气体的灵敏度为 2.3,对 100 ppm 三乙胺气体的灵敏度为 603.8。Mo - SS、Mo - CS 和 Mo - HS 厚膜器件对 0.1 ~100 ppm 三乙胺气体的灵敏度见表 5 - 1。

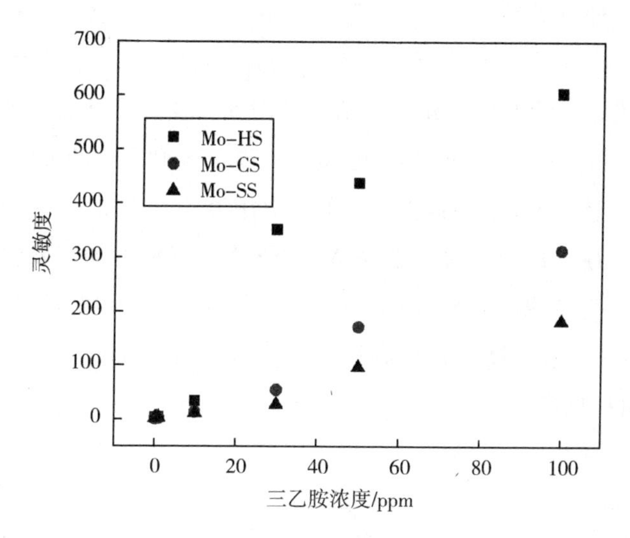

图 5 - 13 Mo - SS、Mo - CS 和 Mo - HS 厚膜器件在各自最佳工作温度下对不同浓度三乙胺气体的灵敏度

表 5-1　Mo-SS、Mo-CS 和 Mo-HS 厚膜器件在各自的最佳工作温度下对不同浓度三乙胺气体的灵敏度

厚膜器件	灵敏度						
	0.1 ppm	0.5 ppm	1 ppm	10 ppm	30 ppm	50 ppm	100 ppm
Mo-SS	1.5	1.6	1.7	11	27.6	96.2	181.3
Mo-CS	1.1	1.5	2.3	13.2	54.2	171.5	313.2
Mo-HS	2.3	2.6	4.1	33.5	351.3	438.3	603.8

图 5-14 是 Mo-SS、Mo-CS 和 Mo-HS 厚膜器件在各自最佳工作温度下对 100 ppm 乙醇、丙酮、苯、甲苯、一氧化氮、甲醛和三乙胺气体的灵敏度柱状图,可见 3 种厚膜器件均对三乙胺气体有很高的灵敏度,其中 Mo-HS 厚膜器件对 100 ppm 三乙胺气体的灵敏度最高,达到 603.8,分别是 Mo-CS 和 Mo-SS 厚膜器件的 1.9 倍和 3.3 倍。如图 5-14 插图所示,3 种厚膜器件对其他 6 种气体的灵敏度均非常低,对 100 ppm 苯和丙酮的灵敏度都不超过 2,Mo-SS 和 Mo-CS 厚膜器件对乙醇的灵敏度均为 4.2,Mo-HS 厚膜器件对甲苯的灵敏度为 4.6。总体来说,Mo-SS、Mo-CS 和 Mo-HS 厚膜器件对 100 ppm 6 种气体的灵敏度均不超过 5。因此,Mo-HS 厚膜器件在相对较低的温度下对三乙胺气体有着超高的选择性,适宜在复杂环境中对三乙胺气体进行检测和监控。

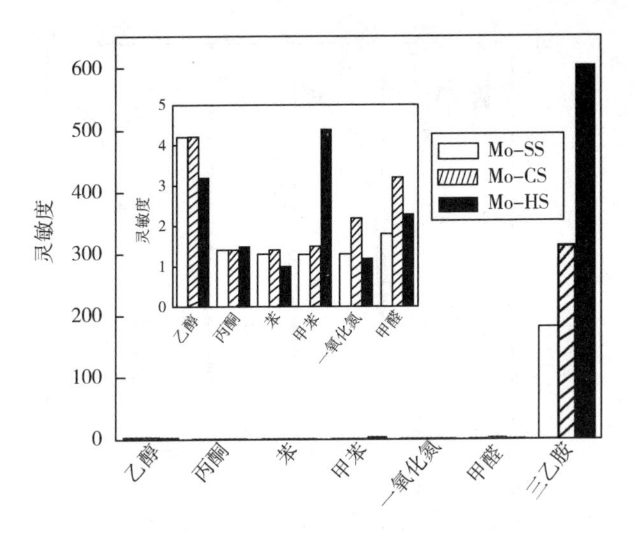

图5-14　Mo-SS、Mo-CS和Mo-HS厚膜器件在各自最佳工作温度下对100 ppm不同气体的灵敏度柱状图

图5-15为Mo-SS、Mo-CS和Mo-HS厚膜器件在各自的最佳工作温度下对0.1~100 ppm三乙胺气体的响应-恢复曲线。当厚膜器件与三乙胺气体接触时,电阻值迅速下降,在短时间内达到最小值并趋于平稳;当厚膜器件脱离三乙胺气体时,在空气中稳定一段时间后,能够恢复到初始的电阻值。Mo-HS厚膜器件对0.1 ppm和100 ppm三乙胺气体的响应时间较短,分别是38 s和6 s,但恢复时间较长,分别是214 s和1953 s。

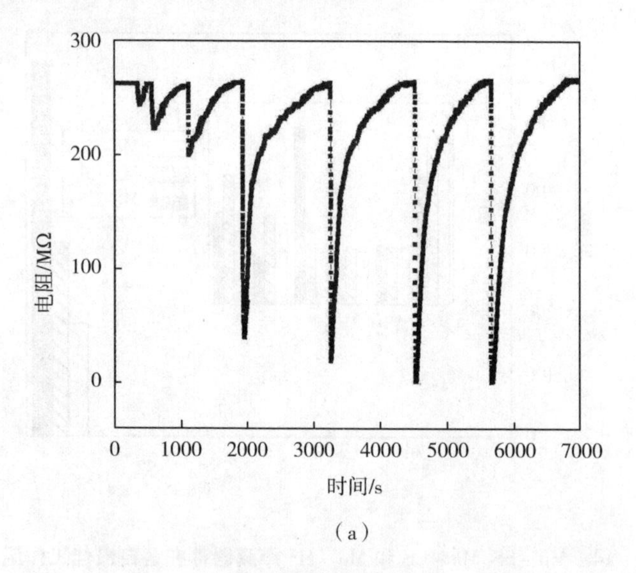
300
200
100
0
电阻/MΩ
0
1000
2000
3000
4000
5000
6000
7000
时间/s

(a)

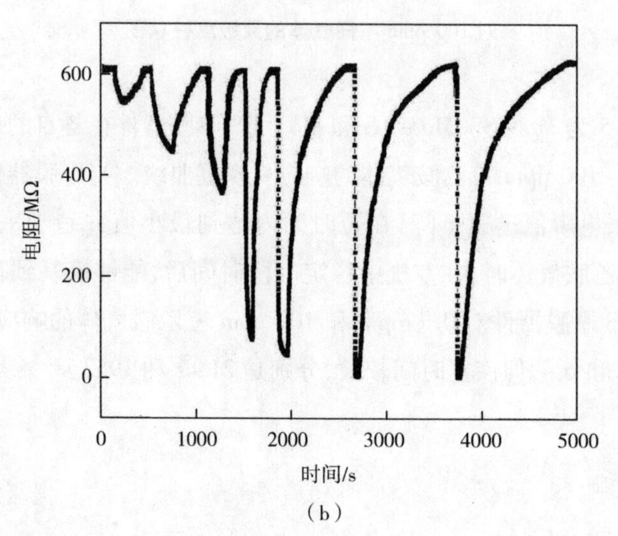
600
400
200
0
电阻/MΩ
0
1000
2000
3000
4000
5000
时间/s

(b)

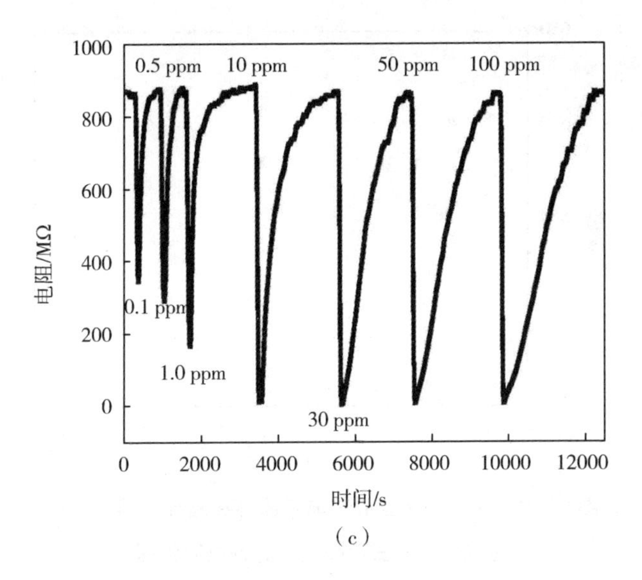

(c)

图5-15　Mo-SS、Mo-CS和Mo-HS厚膜器件在各自的最佳工作温度下对0.1~100 ppm三乙胺气体的响应-恢复曲线

选用相同条件下制备的5个多级结构α-MoO_3空心球厚膜器件进行了长期稳定性和重复性实验，在217 ℃对100 ppm三乙胺气体进行气敏性能测试，如图5-16所示。测定的12个月之内，厚膜器件对三乙胺气体的灵敏度仍保持在最初测定值的97% ±2%。这说明多级结构α-MoO_3空心球厚膜器件有很好的稳定性和重复性，可应用于实际生产生活中对三乙胺气体的检测。

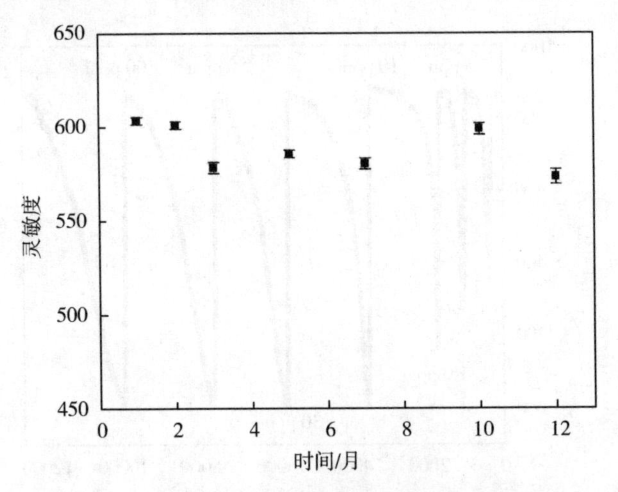

图 5-16　$\alpha-MoO_3$空心球厚膜器件在储存不同时间后对 100 ppm 三乙胺气体的响应变化图

5.2.5　$\alpha-MoO_3$空心球的对亚甲基蓝染料的吸附性能

为了考察多级结构 $\alpha-MoO_3$空心球材料的吸附性能，实验将最佳条件下合成的多级结构 $\alpha-MoO_3$空心球材料进行对有色染料吸附性能的测试。

5.2.5.1　工作曲线的绘制

根据所测定的系列亚甲基蓝标准溶液的吸光度值，以亚甲基蓝标准溶液的浓度为横坐标，吸光度为纵坐标绘制标准曲线，结果见表 5-2 和图 5-17。

表 5-2　亚甲基蓝浓度与吸光度关系表

亚甲基蓝浓度/($mg \cdot mL^{-1}$)	1	2	3	4	5	6
吸光度	0.23	0.41	0.61	0.78	0.97	1.18

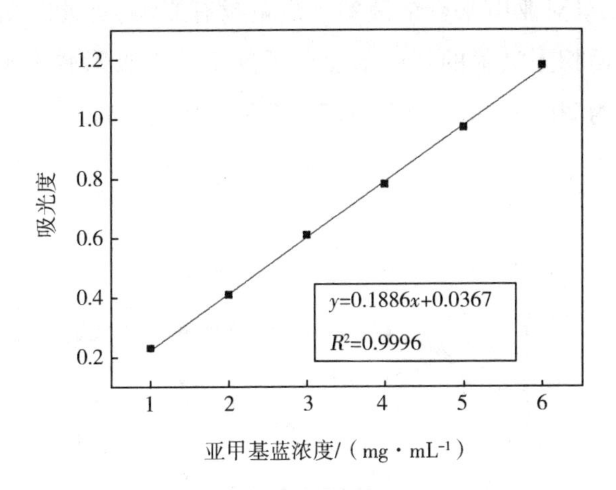

图 5－17　亚甲基蓝浓度对吸光度的标准曲线

实验结果表明，回归直线方程为 $y=0.1886x+0.0367$，线性相关系数 $R^2=0.9996$。

5.2.5.2　选择性

为了考察多级结构 $\alpha-MoO_3$空心球的吸附性能，利用其分别对 3 种染料——亚甲基蓝、罗丹明 B 和孔雀石绿进行吸附，吸附时间为 360 min，移除率分别为 99.65%、65.32% 和 38.64%。实验表明，$\alpha-MoO_3$空心球对亚甲基蓝的吸附效果最明显，所以接下来选择多级结构 $\alpha-MoO_3$空心球对亚甲基蓝进行吸附性能的测试。

5.2.5.3　吸附剂用量的影响

当吸附剂 $\alpha-MoO_3$空心球的用量分别为 5 mg、7 mg、10 mg 和 13 mg 时，在 5～240 min 内进行对 20 mL 浓度为 20 $mg \cdot L^{-1}$的亚甲基蓝溶液的吸附性能测试，如图 5－18 所示。在相同的吸附时间内，随着$\alpha-MoO_3$用量的增加，吸附剂对染料中亚甲基蓝溶液的移除率逐渐升高，用量为 10 mg 和 13 mg 时对亚甲基蓝溶液吸附曲线的趋势基本相同。从吸附开始到 15 min 吸附速率较快，然后逐渐变慢，60 min 时达到吸附平衡，随着吸附时间的延长，材料对亚甲基蓝溶液的移除率均在 98% 以上。吸附剂$\alpha-MoO_3$用量为 10 mg时，再增加吸附剂用量对亚甲基蓝溶液的吸附量没有影响，可能是由于单位时间内，材料单位面积上吸附的亚甲基蓝分子处于动态吸附脱附平衡。本实验中，吸附浓度为 20 mg · L^{-1}的亚甲基蓝溶液(20 mL)时，$\alpha-MoO_3$的最佳用量为 10 mg。

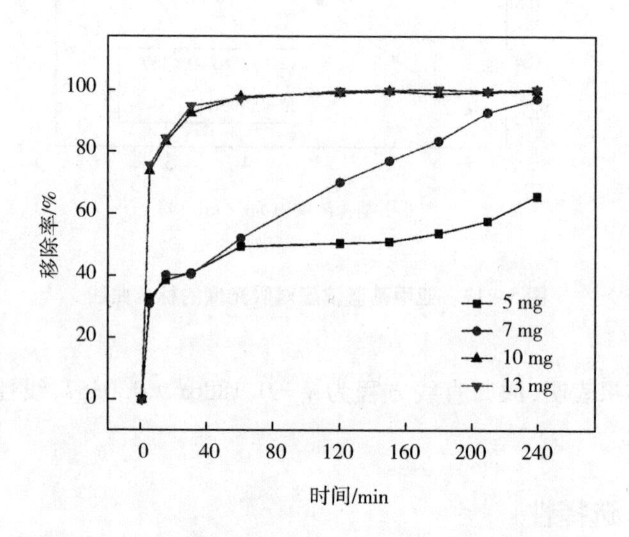

图 5-18　不同吸附剂用量对 $\alpha-MoO_3$ 吸附性能的影响

表 5-3　不同吸附剂用量在不同吸附时间对亚甲基蓝溶液(20 mg · L^{-1}, 20 mL)的移除率

5 mg $\alpha-MoO_3$		7 mg $\alpha-MoO_3$		10 mg $\alpha-MoO_3$		13 mg $\alpha-MoO_3$	
t/min	移除率/%	t/min	移除率/%	t/min	移除率/%	t/min	移除率/%
5	32.57	5	30.72	5	73.40	5	75.26
15	38.41	15	40.00	15	82.95	15	84.01
30	40.53	30	40.26	30	92.22	30	94.61
60	49.28	60	51.93	60	97.53	60	97.00
120	50.34	120	69.95	120	98.85	120	99.38
150	50.87	150	76.85	150	99.38	150	99.65
180	53.52	180	83.21	180	98.59	180	99.91
210	57.49	210	92.49	210	99.12	210	99.38
240	65.45	240	97.00	240	99.65	240	99.91

5.2.5.4　染料初始浓度的影响

吸附剂$\alpha-MoO_3$用量为10 mg时，在不同吸附时间内对不同浓度亚甲基蓝溶液的吸附性能见图5－19，相关数据见表5－4。由图可以看出，在相同吸附时间（15～18 min）内，相对于其他浓度的亚甲基蓝溶液，吸附剂$\alpha-MoO_3$对20 mg·L^{-1}的亚甲基蓝溶液的移除率一直最高，吸附速率最快，在15 min时对亚甲基蓝溶液的移除率可达82.95%，在30 min时对亚甲基蓝溶液的移除率达到92.22%。当吸附时间延长至60 min时，吸附趋近于平衡，此后移除率均高于97%，说明在此吸附条件下$\alpha-MoO_3$对浓度为20 mg·L^{-1}亚甲基蓝溶液的吸附效果最佳。

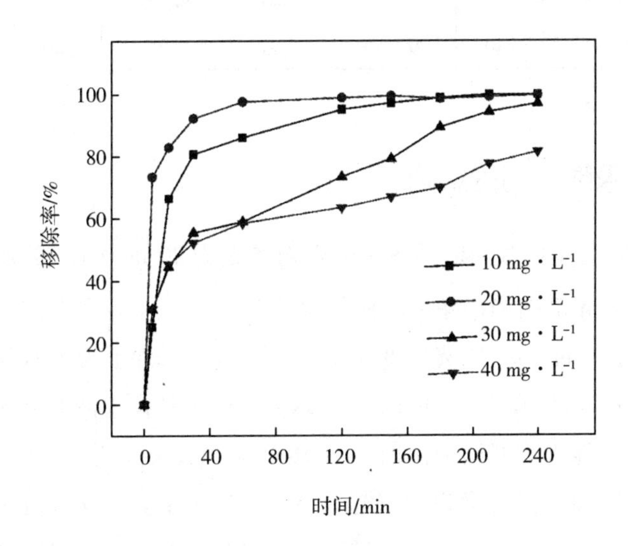

图5－19　亚甲基蓝溶液初始浓度对$\alpha-MoO_3$吸附性能的影响

表 5-4　$\alpha-MoO_3$用量为 10 mg 时在不同吸附时间对不同浓度亚甲基蓝溶液的移除率

亚甲基蓝的浓度 10 mg·L⁻¹		亚甲基蓝的浓度 20 mg·L⁻¹		亚甲基蓝的浓度 30 mg·L⁻¹		亚甲基蓝的浓度 40 mg·L⁻¹	
t/min	移除率/%	t/min	移除率/%	t/min	移除率/%	t/min	移除率/%
5	25.06	5	73.40	5	30.84	5	30.89
15	66.42	15	82.95	15	44.45	15	45.21
30	80.74	30	92.22	30	55.40	30	52.10
60	86.04	60	97.53	60	58.94	60	58.47
120	95.05	120	98.85	120	73.43	120	63.50
150	97.17	150	99.38	150	79.26	150	66.95
180	98.76	180	98.59	180	89.34	180	68.97
240	99.83	240	99.12	240	94.29	240	77.69
240	99.83	240	99.65	240	96.94	240	81.53

4.2.5.5　吸附时间的影响

图 5-20 为不同吸附时间$\alpha-MoO_3$对浓度为 20 mg·L^{-1}的亚甲基蓝溶液的 UV-Vis 光谱图和移除率。在最初的 5 min 内，亚甲基蓝溶液的移除速率较快，吸附 60 min 后，吸光度变化不大。结合同条件下吸附时间对移除率的影响可以发现，仅吸附 5 min 时$\alpha-MoO_3$对亚甲基蓝溶液的移除率就达到了 73.40%，可能因为开始吸附时，$\alpha-MoO_3$空心球内外表面有大量的活性空位，随着时间的延长，吸附位置趋于饱和，染料分子很难再被吸附到$\alpha-MoO_3$空心球表面，使得吸附速率变慢，当吸附时间为 60 min 时，吸附达到平衡，此后移除率为 97.53% ~99.65%。

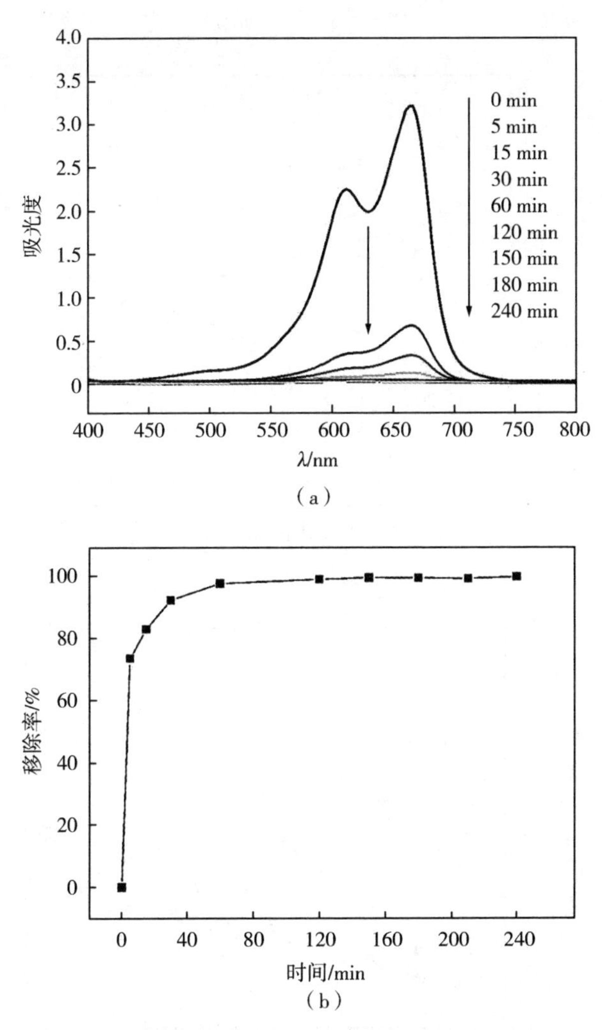

图5-20　不同吸附时间 α-MoO_3 对亚甲基蓝溶液的 (a) UV-Vis 光谱图和 (b) 移除率

5.2.5.6　吸附动力学

吸附动力学描述的是吸附过程的吸附速率，是表示吸附效率的最重要特性之一。为了研究亚甲基蓝在 α-MoO_3 空心球表面的扩散机理，利用拟一级动力学方程和拟二级动力学方程对此吸附过程进行分析。拟一级动力学模型和拟二级动力学模型如图 5-21 所示，相关吸附动力学参数见表 5-5。

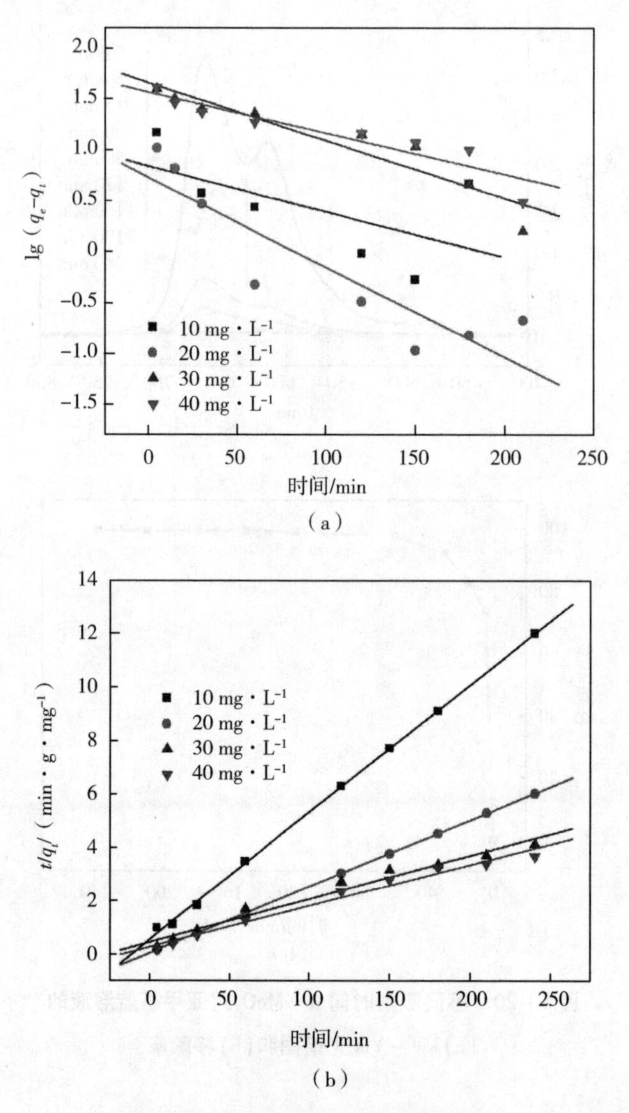

图 5-21　$\alpha-MoO_3$空心球对不同浓度亚甲基蓝溶液的拟一级动力学方程(a)和拟二级动力学方程(b)的拟合曲线

表5-5　α-MoO_3空心球对亚甲基蓝溶液的吸附动力学参数

C_0/(mg·L^{-1})	q_e/(mg·g^{-1})	拟二级动力学			拟一级动力学		
		q_e/(mg·g^{-1})	k_2/(×10^{-3} g·mg^{-1}·min^{-1})	R^2	q_e/(mg·g^{-1})	k_1/(×10^{-3} g·mg^{-1}·min^{-1})	R^2
10	19.97	20.83	4.10	0.9996	6.98	10.13	0.6385
20	39.86	40.16	10.90	0.9999	5.34	20.45	0.8994
30	58.16	59.85	0.63	0.9907	44.67	13.04	0.9456
40	65.22	65.10	0.82	0.9903	36.89	9.30	0.9308

一级动力学方程适用于液-固相吸附系统，是最早用于描述吸附速率的动力学模型，二级动力学方程用于说明化学吸附及离子交换反应

$$\lg(q_e - q_t) = \lg q_e - \frac{k_1}{2.303}t \tag{5-1}$$

$$\frac{t}{q_t} = \frac{1}{k_2 q_e^{\ 2}} + \frac{1}{q_e}t \tag{5-2}$$

式中，q_e为吸附平衡时的吸附容量，k_1和k_2分别为一级动力学吸附速率常数和二级动力学吸附速率常数。

5.2.5.7　吸附等温线

吸附等温线是用来描述材料平衡吸附能力的一种数学模型，可以体现吸附剂与染料分子间的吸附作用。其中Langmuir模型是基于吸附位置为同质的假设，每一个吸附位置适合一个吸附分子，吸附为单层覆盖模式。而Freundlich模型是一种在异质界面上的多层且可逆的吸附模式。Langmuir吸附模型和Freundlich吸附模型分别表达如下：

$$\frac{C_e}{q_e} = \frac{1}{K_L q_{max}} + \frac{C_e}{q_{max}} \tag{5-3}$$

$$\lg q_e = \lg K_F + \frac{1}{n}\lg C_e \tag{5-4}$$

式中，C_e为吸附平衡时的染料浓度，q_e为平衡浓度时的染料吸附量，q_{max}为吸

附剂的最大吸附容量，K_L 为 Langmuir 吸附平衡常数，K_F 和 n 分别为 Freundlich 吸附平衡常数和吸附指数。

本实验将吸附剂的用量固定为 10 mg，分别对 20 mL 浓度范围为 100 ~ 600 mg · L^{-1} 的亚甲基蓝溶液吸附 24 h，得到 Langmuir 和 Freundlich 吸附等温线，如图 5 - 22 所示，线性拟合所得相关吸附热力学参数见表 5 - 6。通过对比图 5 - 22(a) 和图 5 - 22(b)，并结合表 5 - 6 中各参数，可看出 $\alpha - MoO_3$ 空心球对亚甲基蓝溶液的吸附更符合 Langmuir 模型，其线性拟合相关系数 R^2 为 0.9978，而 Freundlich 模型线性拟合的相关系数 R^2 为 0.9035，说明 $\alpha - MoO_3$ 空心球对亚甲基蓝溶液的吸附为单层吸附过程，且所有的吸附位置具有同一性。此外，Langmuir 吸附等温线可以用分离因数 R_L 表示：

$$R_L = \frac{1}{1 + K_L C_0} \tag{5-5}$$

式中，C_0 为亚甲基蓝最高初始浓度，K_L 为 Langmuir 吸附平衡常数。R_L 的值表示吸附等温线的类型，本实验中求得的 R_L 值为 0.0014，即 $0 < R_L < 1$，进一步表明 $\alpha - MoO_3$ 空心球对亚甲基蓝溶液的吸附过程遵行 Langmuir 吸附模型，且由 Langmuir 吸附等温线线性拟合的斜率求得 $\alpha - MoO_3$ 空心球对亚甲基蓝溶液的最大吸附量为 1543.2 mg · g^{-1}。超高的吸附量可能是由于 $\alpha - MoO_3$ 空心球的多级且中空的纳米结构，其内外表面提供了更多的活性中心，更有利于电子的传输，从而增加了阳离子染料和 MoO_3 表面负电荷之间的静电引力，使 $\alpha - MoO_3$ 对亚甲基蓝溶液的吸附量增加。吸附剂与亚甲基蓝溶液染料之间的作用力可以由 $\alpha - MoO_3$ 空心球的表面 Zeta 电位加以说明。图 5 - 23 为在不同 pH 值的条件下测得的 $\alpha - MoO_3$ 空心球表面 Zeta 电位，可以发现在 pH = 2 ~ 8 时，$\alpha - MoO_3$ 表面的电势均为负值，说明其表面带有负电荷，与带正电荷的亚甲基蓝吸附质之间存在静电相互作用。

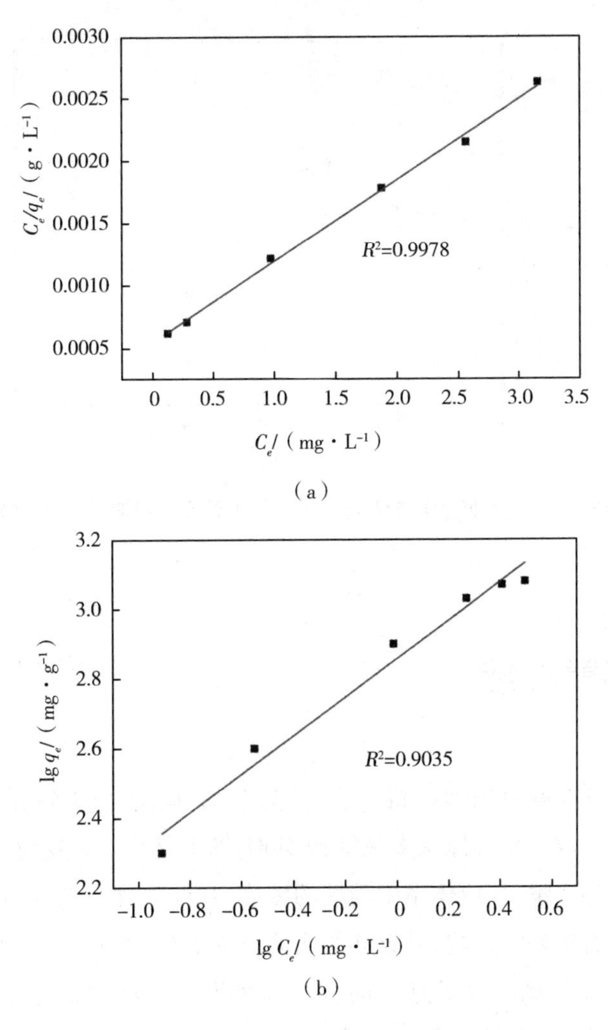

图5－22　α－MoO_3空心吸附亚甲基蓝溶液的

(a) Langmuir 和 (b) Freundlich 吸附等温线

表5－6　α－MoO_3空心对亚甲基蓝溶液的吸附热力学参数

A 吸附	Langmuir 模型				Freundlich 模型		
	q_m/（mg·g^{-1}）	K_L/（L·mg^{-1}）	R_L	R^2	K_F/（L·g^{-1}）	n	R^2
亚甲基蓝	1543.2	1.19	0.0014	0.9978	724.44	1.82	0.9035

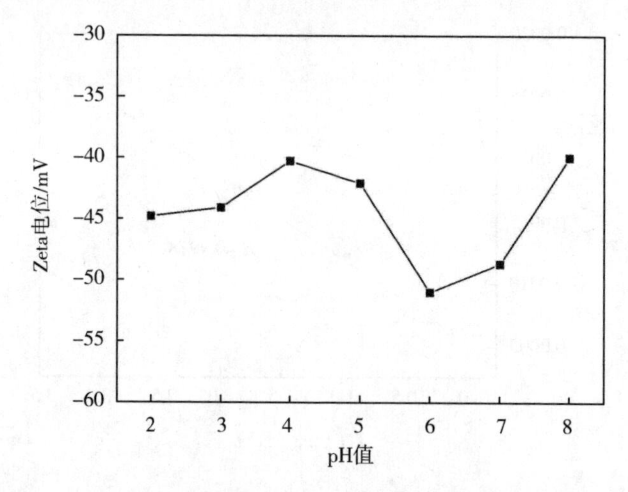

图 5-23 不同 pH 值条件下 $\alpha-MoO_3$ 空心球表面 Zeta 电位图

5.3 本章小结

1. 以乙酰丙酮氧钼为原料,正丁醇为溶剂,硝酸为酸源,采用简单的溶剂热法成功合成了空心球状多级结构 MoO_3 纳米材料。在反应过程中,乙酰丙酮氧钼的加入量、反应体系中硝酸的浓度、反应温度以及反应时间都对空心球的形成有重要的影响,其较佳的实验反应条件为:乙酰丙酮氧钼浓度为 0.012 mol·L^{-1},硝酸浓度为 1 mol·L^{-1},体积为 5 mL,220 ℃下反应 12 h。

2. 采用溶剂热法合成的前驱体为空心球状 MoO_2,由粒径为 20 nm 的纳米粒子构筑而成,其形成机理遵循了“inside-out”模式的 Ostwald 熟化机制,经历了从实心球到核壳球再到空心球的演变过程。前驱体经过 400 ℃热处理 2 h 后,生成多级结构的 $\alpha-MoO_3$ 空心球,基构筑单元是直径为 400~600 nm的纳米棒。

3. $\alpha-MoO_3$空心球厚膜器件在最佳工作温度 217 ℃时对三乙胺气体有非常高的灵敏度,而对乙醇、丙酮、苯、甲苯、一氧化氮和甲醛的灵敏度很低,显示出对三乙胺极高的选择性,最低检测限可以达到 0.1 ppm。

4. $\alpha-MoO_3$纳米材料对亚甲基蓝染料具有优良的吸附性能。当吸附剂用量为 10 mg、亚甲基蓝浓度为 20 mg·L^{-1}、吸附时间为 5 min 时,移除率可达到73.40%。吸附60 min时，吸附达到平衡，此后移除率为97.53%～99.65%。该吸附动力学过程符合拟二级动力学模型，吸附等温线符合Langmuir模型，最大吸附量为1543.2 $mg \cdot g^{-1}$。α－MoO_3空心球由于其多级且中空的纳米结构，对亚甲基蓝染料具有用量少、吸附速率快、吸附完全等特点。

第 6 章　多级结构花球状 $\alpha-MoO_3$ 的制备与气敏性能

6.1　引言

三甲胺是恶臭污染物之一，是恶臭污染控制的主要对象。我国明确规定了三甲胺的限制标准为 0.05～0.45 $mg \cdot m^{-3}$。三甲胺也是鱼类及海产品死后释放的主要气体，随着鱼类新鲜度的下降，三甲胺气体浓度逐渐升高，当三甲胺气体浓度大于 10 ppm 时，认为鱼类腐败，通过测定鱼类释放的三甲胺气体浓度就可以确定鱼类的新鲜度。因此，对三甲胺实现简单、快速、实时有效的检测，在鱼类加工工业及环境污染监控方面具有重要意义。半导体金属氧化物气体传感器使用简单、响应快速，在气体检测领域已被深入研究。目前，对三甲胺气体的检测主要利用 WO_3、V_2O_5、TiO_2、$ZnO-Al_2O_3$、$CdO-Fe_2O_3$、$ZnO-In_2O_3$ 和 MoO_3 等半导体气体传感器。其中，MoO_3 纳米材料对三甲胺的气敏测试多集中在低维的 MoO_3 薄膜、纳米片和纳米棒，普遍存在的问题是工作温度较高（一般高于 300 ℃）。Pandeeswari 等人曾在室温下用 MoO_3 薄膜对三甲胺气体进行测试，但是该 MoO_3 气体传感器对三甲胺气体的灵敏度较低。

6.2　实验结果与讨论

6.2.1　反应条件对产物形貌的影响

多级结构氧化物的构筑是改善材料气敏性能的有效手段之一。具有均一稳定形貌的材料在气体传感器领域显示了良好的特性和潜在的应用前景。在众多形貌结构中,三维多级结构由于具有较大的比表面积引起研究者们的广泛关注,而且三维多级结构的氧化物材料在气体传感器方面的应用具有独特的优势,因此构建三维多级结构的 MoO_3来改良气敏性能研究的前景不可估量。

本章采用计简单的溶剂热法制备多级结构花球状 α - MoO_3,通过考察实验过程中影响花球形成的几个重要因素,包括反应体系中异丙醇和乙酸的体积比、反应时间及盐的浓度等条件,获取较佳的合成条件。同时,跟踪花球状 α - MoO_3的生长过程,研究多级结构花球状 α - MoO_3的形成机理,实现材料对三甲胺气体的高灵敏度及低工作温度检测。

6.2.1.1　异丙醇和乙酸的体积比对产物形貌的影响

异丙醇和乙酸的体积比对产物形貌影响很大,是我们探究的重要条件之一。在实验中,保持体系的溶剂总体积为 35 mL,调节异丙醇和乙酸的体积比分别为30∶5、20∶15、10∶25 和 5∶30,乙酰丙酮氧钼的加入量为 0.114 g,即在反应体系中的浓度为 0.01 mol · L^{-1},反应温度为180 ℃、反应时间为 8 h 时,产物的 SEM 图如图 6 - 1 所示。

当乙酸加入量为 5 mL 时,所制备的 MoO_2 前驱体为形貌不均一的微球,其中夹杂着纳米棒,如图 6 - 1(a)所示。当乙酸加入量为 15 mL 时,MoO_2前驱体均为分散性较好的花状微球,如图 6 - 1(b)所示,花状微球直径为 1 ~ 1.5 μm。当乙酸加入量为25 mL 时,如图6 - 1(c)所示,所制备的 MoO_2前驱体为形貌不一的块状,其中夹杂的纳米棒和一些微粒。当乙酸加入量为

30 mL时，如图6－1(d)所示，所制备的 MoO_2 前驱体为粒径较大、分布不均匀的纳米片的聚集体。

(a)　　(b)　　(c)　　(d)

图6－1　不同乙酸和异丙醇的体积比制备 MoO_2 的 SEM 图

(a)5∶30;(b)15∶20;(c)25∶10;(d)30∶5

由以上分析可知，当乙酸加入量为 15 mL 时，所制备的 MoO_2 前驱体为均匀的花状，厚度均一且分散性好，因此异丙醇与乙酸最佳体积比为 20∶15。

6.2.1.2　反应时间对产物形貌的影响

在实验中，保持体系的溶剂总体积为 35 mL，乙酰丙酮氧钼的加入量为 0.114 g，即在反应体系中的浓度为 0.01 mol·L^{-1}，异丙醇和乙酸的体积比 20∶15，反应温度为 180 ℃，不同反应时间产物的 SEM 图如图6－2所示。

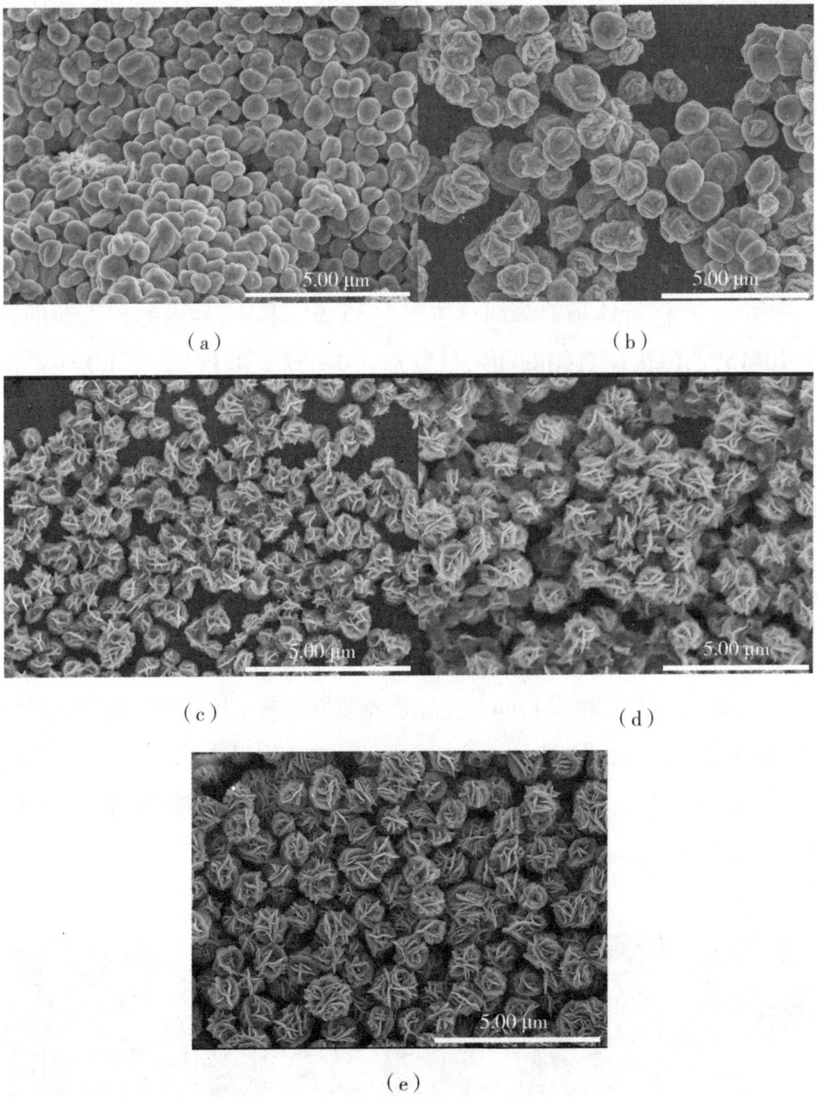

(a)　(b)

(c)　(d)

(e)

图6-2　不同反应时间产物的SEM图

(a)1 h;(b)2 h;(c)3 h;(d)5 h;(e)8 h

当反应时间为1 h时,如图6-2(a)所示,得到的产物为块状,表面光滑但尺寸不均一,块状产物相互紧密排布。当反应时间为2 h时,如图6-2(b)所示,块状产物表面变得粗糙,有一些杂乱的纳米片生成。当反应时间为3 h时,如图6-2(c)所示,块状产物表面的纳米片继续生长,变得厚且密集。当反应时间为5 h时,如图6-2(d)所示,由纳米片构筑的多级结构花初步形成。当反应时间为8 h时,如图6-2(e)所示,产物为大量的分散性很好的花状球体,尺寸均匀,形貌规则。根据以上分析,我们将最佳反应时间确定为8 h。在后续的合成中,反应时间均为8 h。

6.2.1.3 乙酰丙酮氧钼浓度对产物形貌的影响

在实验中,保持体系的溶剂总体积为35 mL,其中,异丙醇和乙酸的体积比为20∶15,乙酰丙酮氧钼的加入量分别为0.057 g、0.114 g和0.171 g,即乙酰丙酮氧钼在体系中的浓度分别为0.005 mol·L^{-1}、0.01 mol·L^{-1}和0.015 mol·L^{-1}时,反应温度为180 ℃反应8 h产物的SEM图如图6-3所示。

当乙酰丙酮氧钼的浓度为0.005 mol·L^{-1}时,如图6-3(a)所示,所得到的MoO_2前驱体为块状聚集体,没有确定的形貌;当乙酰丙酮氧钼的浓度为0.01 mol·L^{-1}时,如图6-3(b)所示,所得产物为花球状MoO_2前驱体,形貌均一,大小均匀,尺寸为800 nm左右,单分散性很好;当乙酰丙酮氧钼的浓度为0.015 mol·L^{-1}时,如图6-3(c)所示,所得产物没有明确的形貌聚集,并生成零散纳米片。根据以上分析,将最佳乙酰丙酮氧钼浓度确定为0.01 mol·L^{-1}。

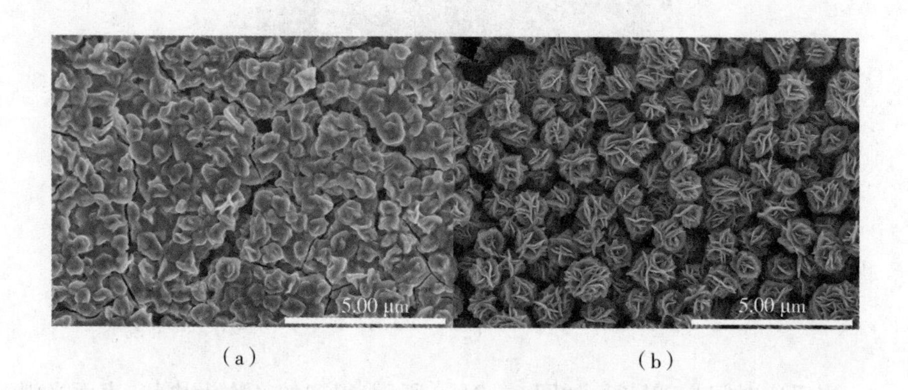

(a) (b)

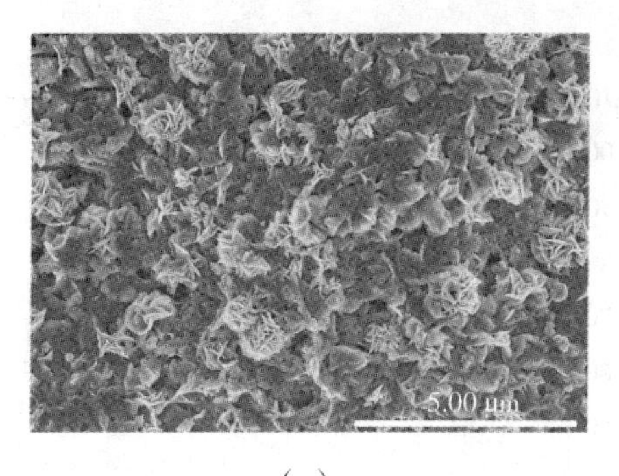

(c)

图6-3 不同乙酰丙酮氧钼浓度中产物的SEM图

(a)0.005 $mol \cdot L^{-1}$;(b)0.01 $mol \cdot L^{-1}$;(c)0.015 $mol \cdot L^{-1}$

6.2.2 花球状$\alpha-MoO_3$纳米材料的表征

6.2.2.1 花球状$\alpha-MoO_3$纳米材料的热分析

热处理温度的选择对最终产物的物相以及多级结构形貌的保持至关重要,为了确定产物的热处理温度,利用热重分析仪对前驱体的热稳定性进行了分析,如图6-4所示。在整个升温过程中有以下3个变化阶段:首先,在温度低于200 ℃时,有一个失重过程,为样品失去表面水的过程;其次,200~300 ℃温度范围内,有一个增重阶段,表明前驱体和空气中的氧气发生反应,生成了MoO_3,此结论在后面的XRD分析中可以得到证实;最后,当温度高于300 ℃直到720 ℃时,曲线没有明显变化,说明在此温度范围内产物处于稳定状态,然而在温度高于720 ℃时,样品迅速失重,对应的是MoO_3的升华过程。在实验中,为了得到稳定并且纯净的花球状$\alpha-MoO_3$纳米材料,热处理温度应稍高于300 ℃,所以,选择在350 ℃对水热反应获得的前驱体进行热处理。

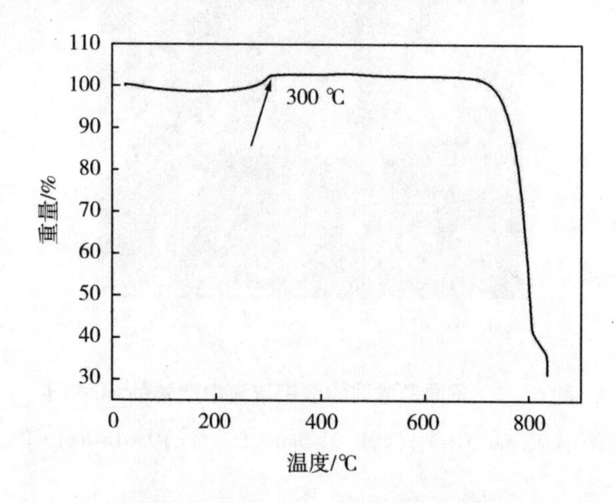

图 6－4　MoO_2 前驱体的 TG 曲线

6.2.2.2　花球状 α－MoO_3 纳米材料的物相分析

为了确定前驱体及热处理后产物的成分及晶相结构，利用 XRD 对产物进行物相分析。图 6－5 为热处理前后产物的 XRD 图。其中曲线（a）为前驱体的 XRD 图，经与标准卡片比对（JCPDS No. 50－0739），可知前驱体为 MoO_2。为了得到稳定的花球状 α－MoO_3，将前驱体在空气气氛中 350 ℃ 热处理 1.5 h，前驱体粉末由黑色变为灰白色，产品相应的 XRD 图如曲线（b）所示，衍射峰很强，与标准卡片（JCPDS No. 05－0508）对比，所有的衍射峰与 α－MoO_3 吻合，说明产物为纯相的 α－MoO_3，结晶度很高。

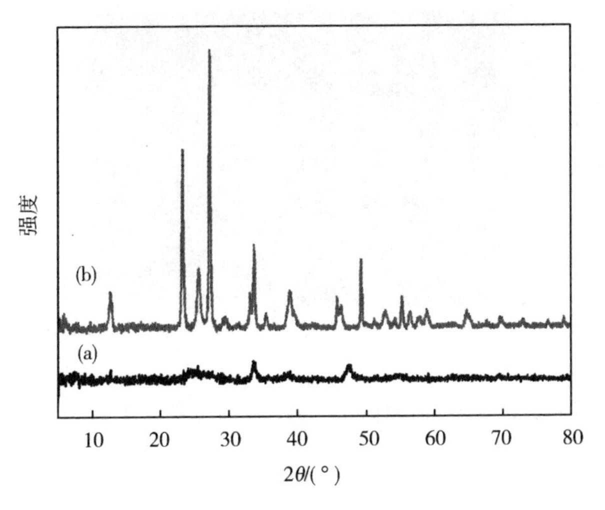

图6-5　(a)MoO_2前驱体和(b)350 ℃热处理1.5 h后产物的XRD图

6.2.2.3　花球状$\alpha-MoO_3$纳米材料的形貌

为了进一步了解花球状$\alpha-MoO_3$的形貌,对其进行了SEM测试,图6-6(a)和图6-6(b)是MoO_2前驱体的SEM图,我们可以看出产物的形貌和尺寸均一,分散性较好。前驱体为均匀的花球状,直径为1~1.5 μm,花球状$\alpha-MoO_3$是由厚度约为50 nm的纳米片构筑而成的。图6-6(c)为350 ℃热处理1.5 h后得到的花球状$\alpha-MoO_3$的SEM图,由此可以看出花球状$\alpha-MoO_3$形貌基本保持不变。

(a)

(b)

(c)

图6-6 (a)、(b)MoO_2前驱体以及(c)热处理后花球状$\alpha-MoO_3$的SEM图

6.2.3 花球状$\alpha-MoO_3$的气敏性能

6.2.3.1 花球状$\alpha-MoO_3$气敏元件的气体选择性

为了研究花球状$\alpha-MoO_3$气敏元件对其他气体的气敏性能，将花球状$\alpha-MoO_3$制作成厚膜器件，在217 ℃时，分别对浓度为100 ppm的丙酮、乙醇、氨气、甲苯、三甲胺和二甲胺6种气体进行气敏性能的测试，测试结果如图6-7所示。花球状$\alpha-MoO_3$厚膜器件对丙酮、乙醇、氨气、甲苯的灵敏度不超过6，对二甲胺气体的灵敏度为12.6，对三甲胺气体灵敏度最高，达到42.1。因此，花球状$\alpha-MoO_3$厚膜器件对三甲胺气体有非常好的选择性和较高的灵敏度。

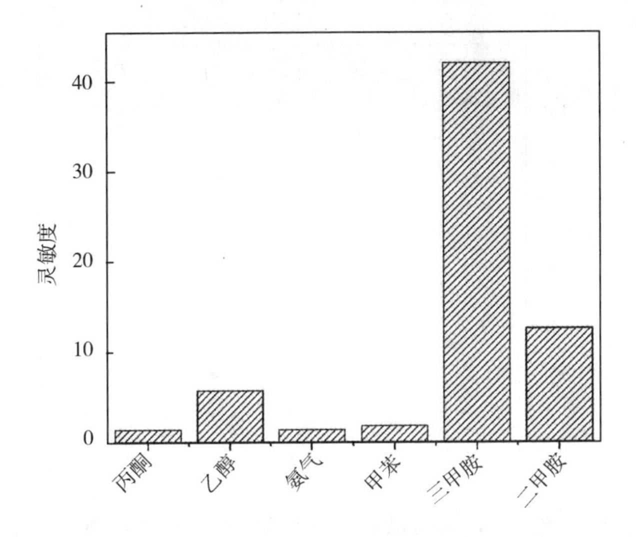

图 6-7　花球状 $\alpha-MoO_3$ 厚膜器件在 217 ℃时对 100 ppm 不同气体的灵敏度

6.2.3.2　工作温度对气敏性能的影响

将花球状 $\alpha-MoO_3$ 制成厚膜器件，在不同的温度下对浓度为 100 ppm 的三甲胺气体进行了测试，结果如图 6-8 所示。在 217～330 ℃，花球状 $\alpha-MoO_3$ 厚膜器件对三甲胺气体的灵敏度随着温度的升高而降低，说明 $\alpha-MoO_3$ 厚膜器件在相对较低的工作温度（217 ℃）下对三甲胺气体有较好的响应。而当温度低于 217 ℃时，$\alpha-MoO_3$ 厚膜器件在空气中的电阻值超过了气敏测试系统的检测范围，因此，$\alpha-MoO_3$ 厚膜器件的最佳工作温度为 217 ℃。在最佳工作温度下，多级结构花球状 $\alpha-MoO_3$ 厚膜器件对浓度为 100 ppm 的三甲胺气体的灵敏度为 42.1。

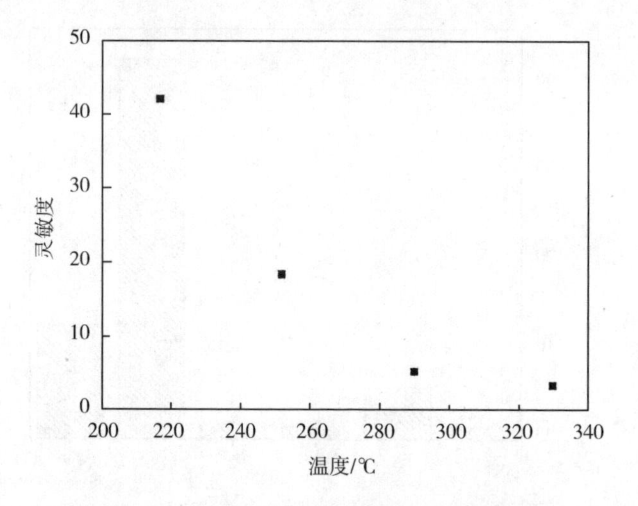

图 6-8 花球状 $\alpha-MoO_3$ 厚膜器件在不同温度对 100 ppm 三甲胺气体的灵敏度

6.2.3.3 花球状 $\alpha-MoO_3$ 对三甲胺气体的气敏性能

图 6-9 为在工作温度为 217 ℃时，花球状 $\alpha-MoO_3$ 厚膜器件对不同浓度三甲胺气体的灵敏度。工作温度为 217 ℃时，三甲胺气体的浓度越高灵敏度越高，花球状 $\alpha-MoO_3$ 厚膜器件对 0.5 ppm 三甲胺气体的灵敏度为 1.5，对 100 ppm 三甲胺气体的灵敏度为 42.1，并且对浓度范围为 1～100 ppm 的三甲胺气体具有良好的线性关系（$R^2 = 0.9934$）。所以，多级结构的花球状 $\alpha-MoO_3$ 厚膜器件可用于相对复杂环境中痕量三甲胺气体的检测。

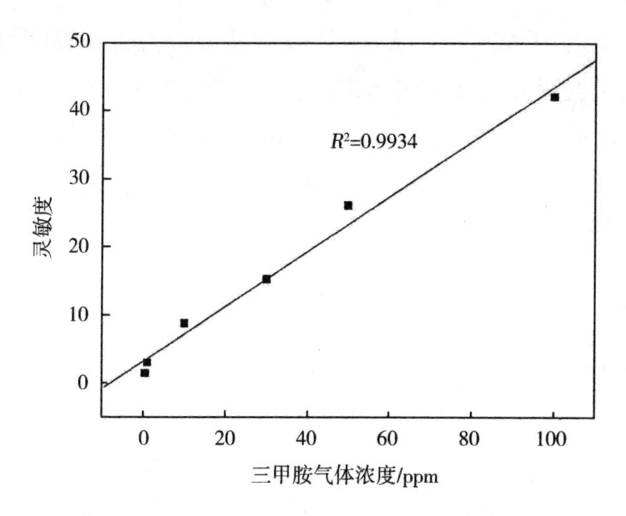

图6-9　在217 ℃下，花球状 α-MoO_3厚膜器件对不同浓度三甲胺气体的灵敏度

6.2.3.4　花球状 α-MoO_3对三甲胺气体的灵敏度-恢复特性

图6-10为花球状 α-MoO_3厚膜器件在217 ℃下对不同浓度三甲胺气体的灵敏度-恢复曲线。

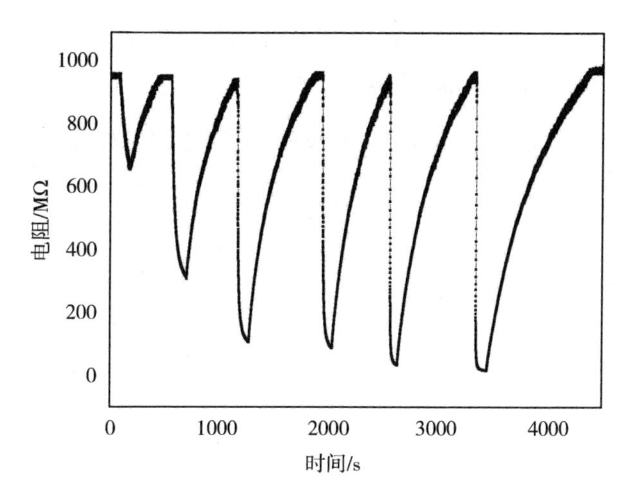

图6-10　花球状 α-MoO_3厚膜器件在217 ℃下对不同浓度三甲胺气体的灵敏度-恢复曲线

由图可知，多级结构花球状 $\alpha-MoO_3$厚膜器件在工作温度为 217 ℃下，对 100 ppm 的三甲胺气体响应迅速，响应时间约为 7 s，但恢复时间相对较长，需 11 min 左右。对高浓度(50 ~ 100 ppm)的三甲胺气体均响应迅速，接触三甲胺气氛立即达到最大响应，响应时间约为 7 s，但恢复时间相对较长，需 40 min 左右。

6.3 本章小结

1. 以乙酰丙酮氧钼为原料，乙酸为酸源，异丙醇为溶剂，采用简单的溶剂热法合成了花球状多级结构 $\alpha-MoO_3$ 纳米材料，该实验的最佳反应条件为：异丙醇为 20 mL，乙酸为 15 mL，乙酰丙酮氧钼浓度为 0.01 $mol \cdot L^{-1}$，反应温度为 180 ℃，反应 8 h。

2. 采用溶剂法制备的花球状 $\alpha-MoO_3$的前驱体为 MoO_2，是由纳米片构筑而成的。通过 350 ℃热处理 1.5 h，生成多级结构花球状 $\alpha-MoO_3$的纳米材料形貌保持不变，直径为 1 ~ 1.5 μm，由纳米片构成。

3. 将花球状 $\alpha-MoO_3$制备成厚膜器件并进行气敏性能测试，实验结果表明，该厚膜器件对三甲胺气体有着很好的气体选择性和较高的灵敏度，最低检测限为 0.5 ppm，对 100 ppm 三甲胺气体的灵敏度可达 42.1，可以用于复杂环境中痕量三甲胺气体的检测。

4. 溶剂热法是制备多级结构 MoO_3 纳米材料的有效方法，可以应用于其他氧化物纳米材料的合成。

第7章　多级结构 $\alpha-Fe_2O_3/\alpha-MoO_3$ 空心球的制备与气敏性能

7.1　引言

在前面研究的多级结构 $\alpha-MoO_3$ 空心球气敏性能时发现，空心的多级结构在降低工作温度和提高气体灵敏度方面均有很大的改善，但是最佳工作温度为217 ℃时，对三乙胺气体的检测限仍旧较高（0.1 ppm）。从节约能源的角度来讲，在设计气体传感器时，如果保证在相对较低的温度下就有优良的气敏响应是比较理想的状况。因此，本章拟在 MoO_3 空心球中复合其他金属氧化物，在保证气体灵敏度较高的前提下，进一步降低元件的工作温度和对三乙胺气体的检测限。

赤铁矿（$\alpha-Fe_2O_3$）是一种环境友好的 n 型半导体金属氧化物，由于其热稳定性高、合成成本低、耐腐蚀能力强等特点，在气体传感器领域得到了广泛的应用，在测定乙醇、甲苯及丙酮等气体时表现出良好的气敏性能。在本组对 $\alpha-Fe_2O_3$ 半导体气体传感器的研究中发现，当控制其适当的粒子尺寸或形貌时，$\alpha-Fe_2O_3$ 气体传感器在较低的工作温度（25～100 ℃）下就对某些还原性气体有响应。因此，本章拟采用溶剂热法以 $\alpha-Fe_2O_3$ 对 MoO_3 进行复合来降低其工作温度，即以乙酰丙酮氧钼和乙酰丙酮铁为原料，以第5章确定的较佳合成 $\alpha-MoO_3$ 空心球的条件为准，采用一次溶剂热法，再经后续的热处理，制备不同 $\alpha-Fe_2O_3$ 物质的量比的 $\alpha-Fe_2O_3/\alpha-MoO_3$ 空心球复合材料，在一定的温度范围内考察不同物质的量比空心球复合材料的气敏性能。

7.2 实验结果与讨论

7.2.1 多级结构 $\alpha-Fe_2O_3/\alpha-MoO_3$ 空心球的结构表征

7.2.1.1 多级结构 $\alpha-Fe_2O_3/\alpha-MoO_3$ 空心球前驱体的热分析

为了确定产物的热处理温度，利用热重分析仪对前驱体的热稳定性进行了分析。图 7-1 为空心球前驱体的 TG 曲线。

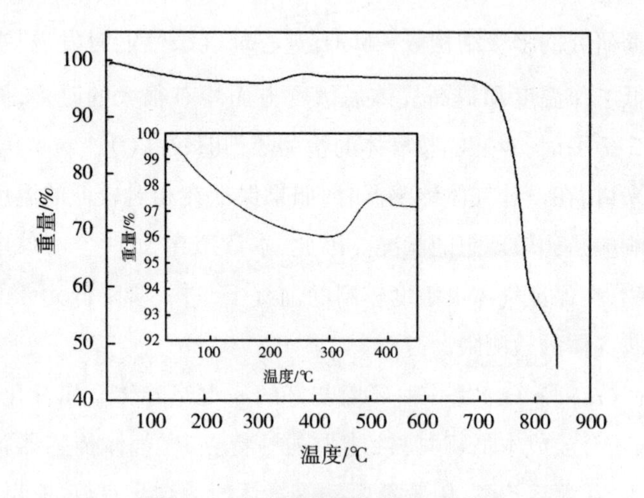

图 7-1 空心球前驱体的 TG 曲线

由图 7-1 可以看出，空心球前驱体在整个升温过程中有以下变化：首先，在温度低于 300 ℃时，有一个明显的失重过程，为样品失去表面物理吸附水和产物中残留的有机物的过程；其次，在 300～380 ℃温度范围内，有一个增重阶段，表明前驱体和空气中的氧气发生反应，生成了 MoO_3；再次，在 380～410 ℃时，有一个微弱的失重过程，这是产物中有机化合物的分解速率大于前驱体的氧化速率造成的，此氧化过程在后面的 XRD 分析中可以得到验证；最后，当温度高于 410 ℃直到 780 ℃时，曲线没有明显变化，说明此温度范围内产物稳定。然而当温度高于 780 ℃时,样品迅速失重,对应的是 MoO_3的升华过程。在实验中,为了得到稳定及纯净的 $\alpha-Fe_2O_3/\alpha-MoO_3$空心球,热处理温度应稍高于410 ℃,因此,选择在450 ℃对溶剂热反应获得的前驱体进行热处理。

7.2.1.2 多级结构 $\alpha-Fe_2O_3/\alpha-MoO_3$空心球的结构及物相分析

图 7-2 是溶剂热反应得到的前驱体的 XRD 图。其中曲线(a)是未复合 Fe_2O_3 的前驱体的 XRD 曲线,与图库中标准卡片(JCPDS No. 65-5787)对比,所有的衍射峰均与 MoO_2相吻合,说明前驱体为 MoO_2;曲线(b)为 Fe 与 Mo 物质的量比为 6% 的前驱体的 XRD 曲线,将曲线(a)、(b)对比后发现,除了方格标注的衍射峰为 MoO_2的特征峰以外,在 2θ 为 7.9°、20.6°、22.6°、27.8°和 30.8°处增加了 5 个衍射峰(以圆标注),说明前驱体中除了 MoO_2以外有新的物质存在,在与图库中的标准卡片(JCPDS No. 51-2317)对比后,确定存在的物质为四乙胺。

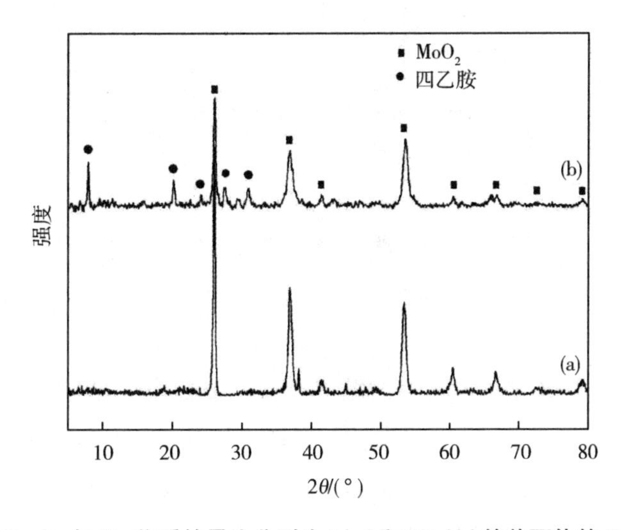

图 7-2 Fe 与 Mo 物质的量比分别为 0(a)和 6%(b)的前驱体的 XRD 图

图 7-3 是复合后前驱体在 450 ℃热处理 2 h,不同物质的量比的 $\alpha-Fe_2O_3/\alpha-MoO_3$空心球的 XRD 图,Fe 与 Mo 物质的量比分别为 0、4%、6%、8%和 11%,与图库中标准卡片(JCPDS No. 35-0609)对比,图中大部分衍射

峰与 $\alpha-MoO_3$ 相吻合，说明复合材料经 450 ℃ 热处理后主相为 $\alpha-MoO_3$。除了 $\alpha-MoO_3$ 的衍射峰以外，在 33.1°和 35.6°处还有 2 个衍射峰，尤其是在复合量为 11% 的样品中，2 个衍射峰已很尖锐，在与标准卡片（JCPDS No. 33－0664）对比后发现与赤铁矿 $\alpha-Fe_2O_3$（104）、（110）晶面的衍射峰相符，说明在 $\alpha-MoO_3$ 材料中，已经成功引入了 $\alpha-Fe_2O_3$，且随着 $\alpha-Fe_2O_3$ 复合量的增加，衍射峰也随之增强。物质的量比为 4% 和 6% 的 $\alpha-Fe_2O_3/\alpha-MoO_3$ 空心球在 33.1°和 35.6°处的衍射峰相对较弱，几乎很难发现，说明材料中复合量较少。

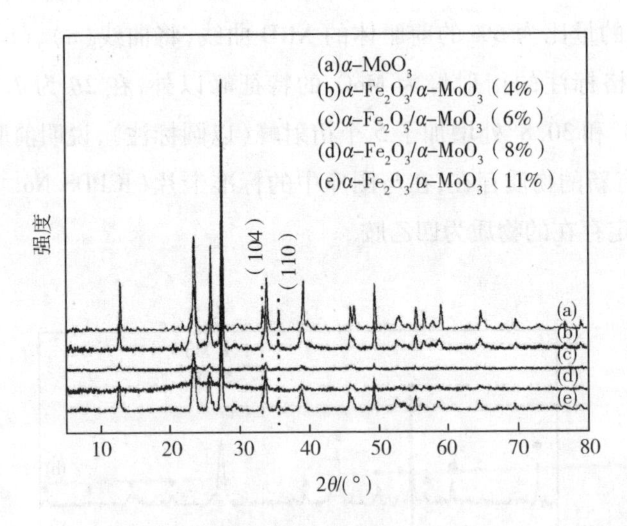

图 7－3　Fe 与 Mo 物质的量比分别为 0、4%、6%、8%、11% 的前驱体在 450 ℃ 热处理 2 h 后产物的 XRD 图

为了进一步研究复合材料的组成及元素的价态信息，采用 XPS 对材料进行了分析，如图 7－4 所示，曲线（a）、（b）、（c）和（d）分别为 Fe 与 Mo 物质的量比为 4%、6%、8% 和 11% 的 $\alpha-Fe_2O_3/\alpha-MoO_3$ 空心球的 XPS 谱图。由图可以看出，这 4 种复合材料中主要含有的元素为 Mo、C、O 和 Fe。为了进一步确定复合材料表面 Fe 的状态，图 7－5 给出了物质的量比为 4%、6%、8% 和 11% 的 $\alpha-Fe_2O_3/\alpha-MoO_3$ 空心球中 Fe 的 XPS 谱图。由于自旋轨道的相互作用，Fe 2p 分裂为 Fe $2p_{3/2}$ 和 Fe $2p_{1/2}$，分别位于 711.2 eV 和 724.9 eV 处，但是峰强非常弱，说明复合量比较少，与标准结合能比对，证明

了 Fe 在样品中是以 Fe^{3+} 形式存在的，结合 $\alpha-Fe_2O_3/\alpha-MoO_3$ 空心球的 XRD 图，进一步说明了已经成功地将 $\alpha-Fe_2O_3$ 复合在 $\alpha-MoO_3$ 空心球中。从图 7－5 可以发现，当理论物质的量比增加时，Fe 2p 轨道的峰面积也稍微增大，说明 $\alpha-Fe_2O_3$ 的相对含量也随之增加。

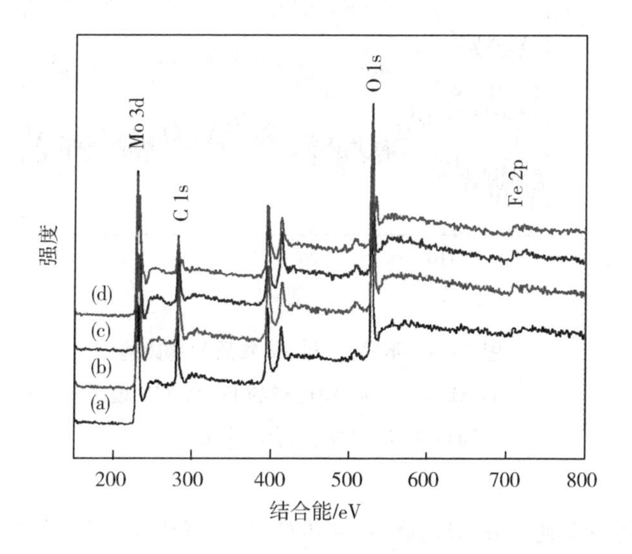

图 7－4　不同 Fe 与 Mo 物质的量比的 $\alpha-Fe_2O_3/\alpha-MoO_3$ 空心球的 XPS 谱图

(a)4%；(b)6%；(c)8%；(d)11%

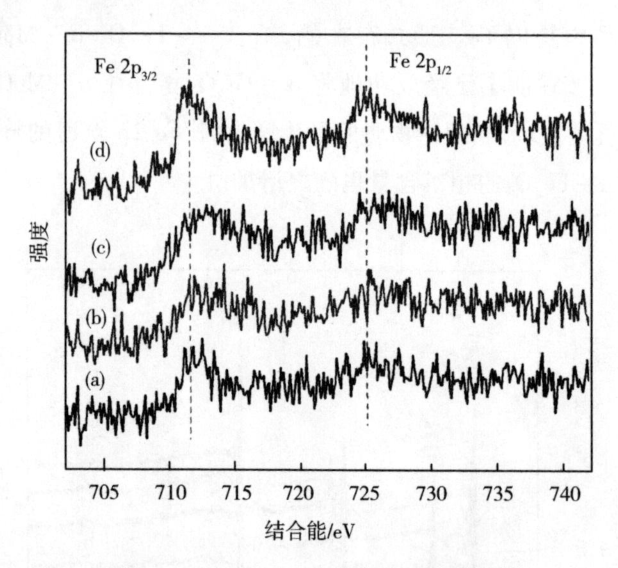

图 7-5 不同 Fe 与 Mo 物质的量比的 $\alpha-Fe_2O_3/\alpha-MoO_3$ 空心球的 Fe 2p XPS 谱图

(a)4%;(b)6%;(c)8%;(d)11%

为了进一步确定 $\alpha-Fe_2O_3/\alpha-MoO_3$ 空心球中 Fe 的实际物质的量比，采用 ICP 技术对 Fe 与 Mo 物质的量比为 4%、6%、8% 和 11% 的 $\alpha-Fe_2O_3/\alpha-MoO_3$ 空心球产物进行了测定，结果见表 7-1。ICP 测试结果显示，实际负载的 Fe 与 Mo 物质的量比值均高于理论计算值，这可能是因为一次溶剂热反应中，Fe_2O_3 前驱体的转化率高于前驱体转化率。

表 7-1 Fe 与 Mo 物质的量比为 4%、6%、8% 和 11% 的 $\alpha-Fe_2O_3/\alpha-MoO_3$ 空心球的 ICP 测定结果

$\alpha-Fe_2O_3/\alpha-MoO_3$ 空心球	1#	2#	3#	4#
理论计算值/%	4	6	8	11
ICP 测定值/%	5.3	7.6	9.1	12.4

7.2.1.3 多级结构 $\alpha-Fe_2O_3/\alpha-MoO_3$ 空心球的形貌和精细结构

图 7-6 为不同 Fe 与 Mo 物质的量比的 $\alpha-Fe_2O_3/\alpha-MoO_3$ 空心球前驱

体的 SEM 图,其中图 7-6(a)、图 7-6(c)、图 7-6(e)、图 7-6(g)分别为物质的量比为 4%、6%、8% 和 11% 的空心球前驱体的 SEM 图。由图可见,空心球的形貌基本没有发生变化,尺寸比纯相 α-MoO_3 稍大,为 400 ~ 800 nm。空心球的尺寸不是很均匀,这可能是乙酰丙酮铁的加入使溶剂热反应过程中的某些条件发生了改变,破坏了原来 MoO_3 空心球的生长规律,从而导致生成的空心球大小不等。

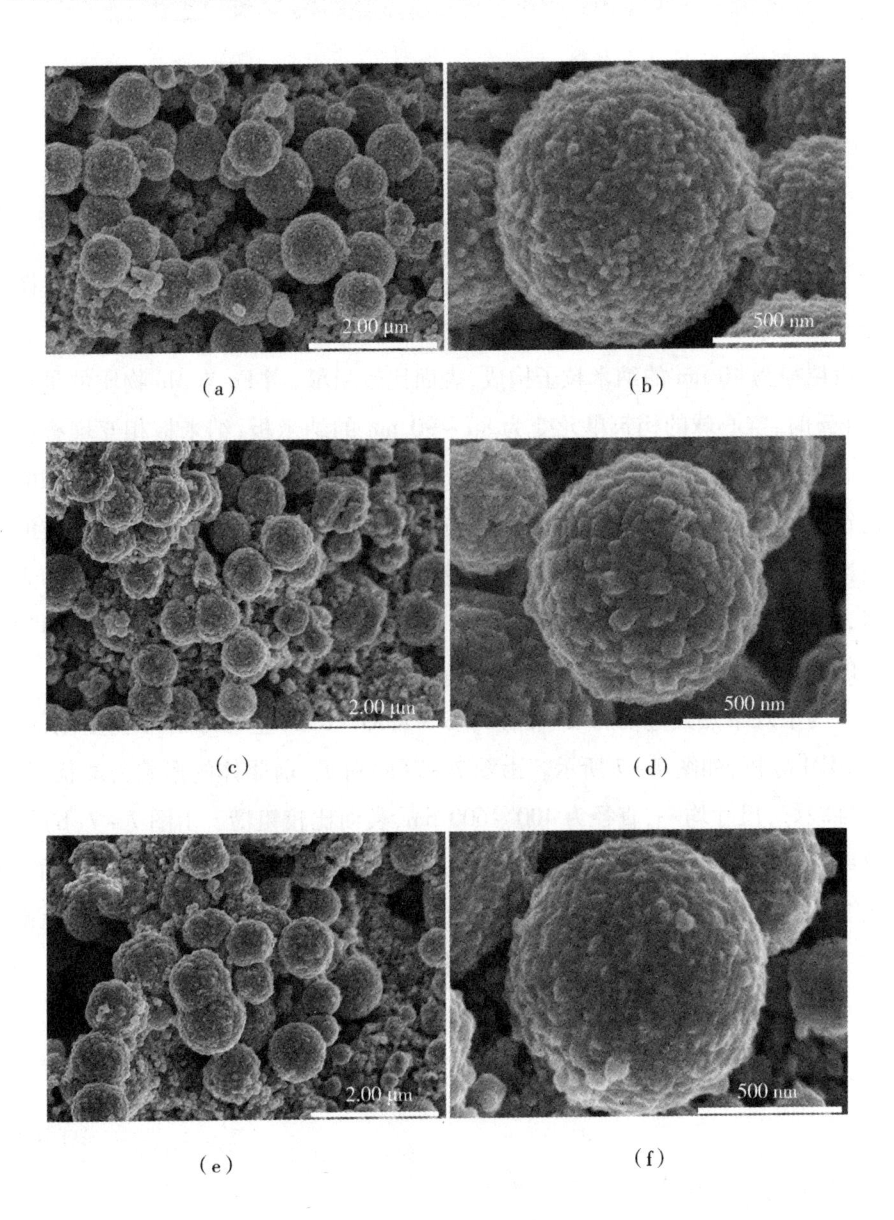

(a)　(b)

(c)　(d)

(e)　(f)

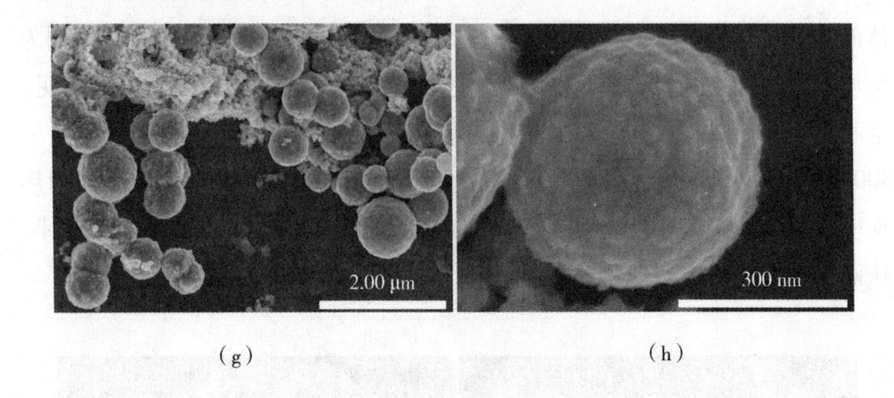

(g) (h)

图 7-6 不同物质的量比的 $\alpha-Fe_2O_3/\alpha-MoO_3$ 空心球前驱体的 SEM 图

(a)、(b)4%;(c)、(d)6%;(e)、(f)8%;(g)、(h)11%

由图 7-6(b)、图 7-6(d)、图 7-6(f)、图 7-6(h)高倍率放大 SEM 图进一步观察各物质的量比的空心球,当 Fe 与 Mo 物质的量比为 4% 时,空心球由粒径为 40 nm 的纳米粒子构成,表面比较粗糙;当 Fe 与 Mo 物质的量比为 6% 时,空心球的构筑单元变为 80 ~ 90 nm 的纳米板,纳米板相互堆叠在一起,使得空心球表面非常粗糙;当 Fe 与 Mo 物质的量比为 8% 时,空心球的构筑单元为 80 ~ 90 nm 的纳米粒子,粒子之间排列比较紧密,表面较物质的量比为 6% 时光滑;当 Fe 与 Mo 物质的量比为 11% 时,空心球的表面更加光滑,纳米粒子没有明显的边界,融合在了一起。综上所述,当 Fe 与 Mo 的物质的量比为 6% 时,$\alpha-Fe_2O_3/\alpha-MoO_3$ 空心球的生长情况较好。

为了观察热处理前后 $\alpha-Fe_2O_3/\alpha-MoO_3$(6%)空心球的形貌变化,做了 SEM 分析,如图 7-7 所示。由图 7-7(a)可见,前驱体的形貌为球状,分散性较好,尺寸均一,直径为 400 ~ 600 nm,表面比较粗糙。由图 7-7(b)高倍率放大 SEM 图可以发现,前驱体是由宽约为 80 nm 的纳米板构筑而成的。图 7-7(c)为热处理后得到的空心球的 SEM 图,其构筑单元纳米板尺寸稍微变大,为 90 nm 左右,表面变得更加粗糙。

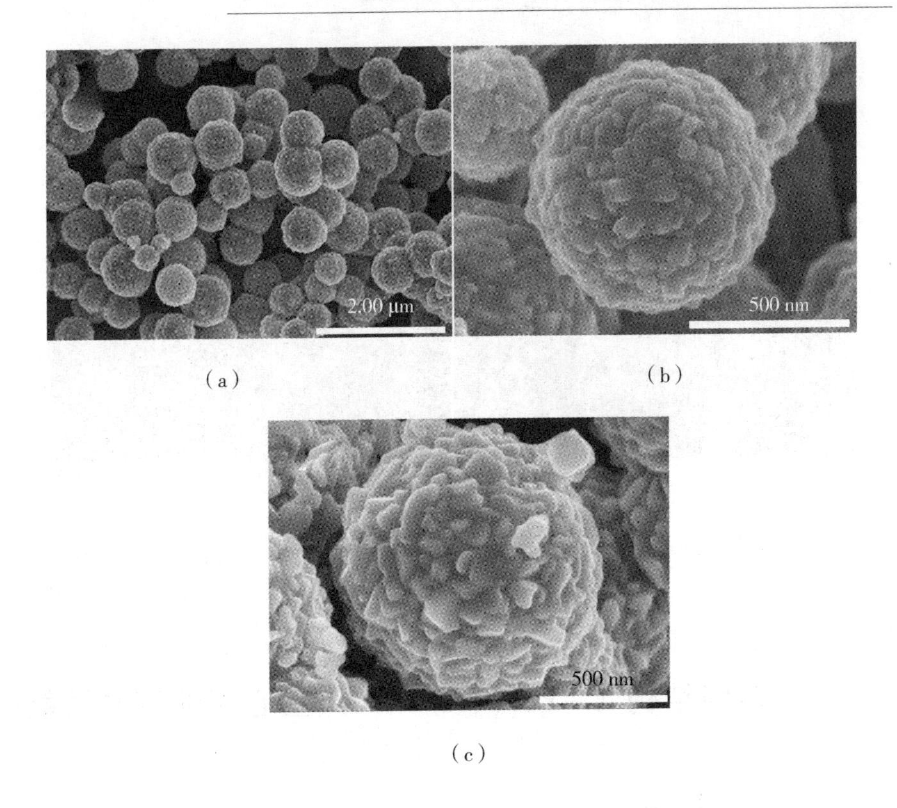

(a)　(b)

(c)

图7－7　(a)、(b)前驱体以及(c)热处理后材料的SEM图

此外，还采用TEM对热处理后物质的量比为6%的α－Fe_2O_3/α－MoO_3进行了分析，如图7－8所示。如图7－8(a)所示，α－Fe_2O_3/α－MoO_3(6%)具有空心结构，其构筑单元为纳米板，这与图7－6(c)的SEM图相符合。由图7－8(b)可以更清晰地看出，构筑单元为纳米板，纳米板宽度为30～80 nm，而且纳米板之间相互堆叠，致使空心球表面十分粗糙，空心球壳的厚度为100 nm。

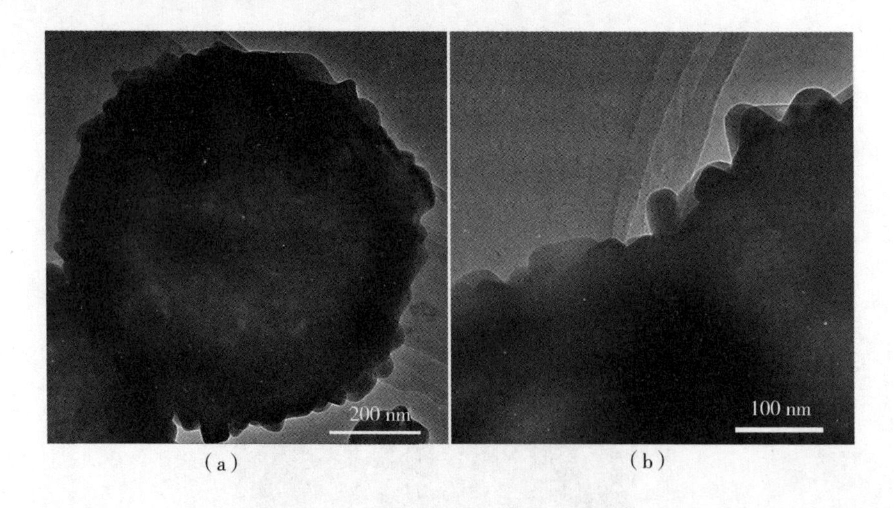

（a）　　　　　　（b）

图 7－8　$\alpha-Fe_2O_3/\alpha-MoO_3$（6%）空心球的 TEM 图

7.2.2　多级结构 $\alpha-Fe_2O_3/\alpha-MoO_3$ 空心球的气敏性能

7.2.2.1　多级结构 $\alpha-Fe_2O_3/\alpha-MoO_3$ 空心球的对三乙胺的气敏性能

为了确定 $\alpha-Fe_2O_3/\alpha-MoO_3$ 空心球厚膜器件在不同 Fe 与 Mo 物质的量比时对三乙胺气体的灵敏度与工作温度之间的关系，实验在 133～330 ℃下，将纯相 $\alpha-MoO_3$ 空心球和物质的量比为 4%、6%、8% 和 11% 的复合空心球 5 种厚膜器件对 100 ppm 的三乙胺气体进行了测试，如图 7－9 所示。在 217～330 ℃时，纯相 $\alpha-MoO_3$ 空心球厚膜器件对 100 ppm 三乙胺气体的灵敏度均高于复合 $\alpha-Fe_2O_3$ 后的厚膜器件，但是工作温度较高，最佳工作温度为 217 ℃。此外，可以明显看到，$\alpha-MoO_3$ 中复合了 $\alpha-Fe_2O_3$ 后，除了 $\alpha-Fe_2O_3/\alpha-MoO_3$（4%）空心球厚膜器件的最佳工作温度仍为 217 ℃以外，其他的 $\alpha-Fe_2O_3/\alpha-MoO_3$（6%、8%、11%）空心球厚膜器件的工作温度均降低。$\alpha-Fe_2O_3/\alpha-MoO_3$（8% 和 11%）空心球厚膜器件对 100 ppm 三乙胺气体的灵敏度随着温度的变化呈现相同的趋势，即在 170～330 ℃时，随着温度的升高对三乙胺气体的灵敏度逐渐降低。此外，$\alpha-Fe_2O_3/\alpha-MoO_3$（6%）

空心球厚膜器件的气敏性能较佳，其工作温度可以降低到133 ℃，且对100 ppm三乙胺气体的灵敏度随着温度的升高先升高后降低，当温度为170 ℃时，对100 ppm三乙胺气体的灵敏度为298，然后随着温度的升高灵敏度逐渐降低，在温度为330 ℃时灵敏度为5.1。不同物质的量比的厚膜器件在133～330 ℃时，对100 ppm三乙胺气体的灵敏度见表7－2。后面将选择$\alpha-Fe_2O_3/\alpha-MoO_3$(6%)的厚膜器件进行进一步研究，其对三乙胺气体的最低工作温度为133 ℃，但最佳工作温度为170 ℃。

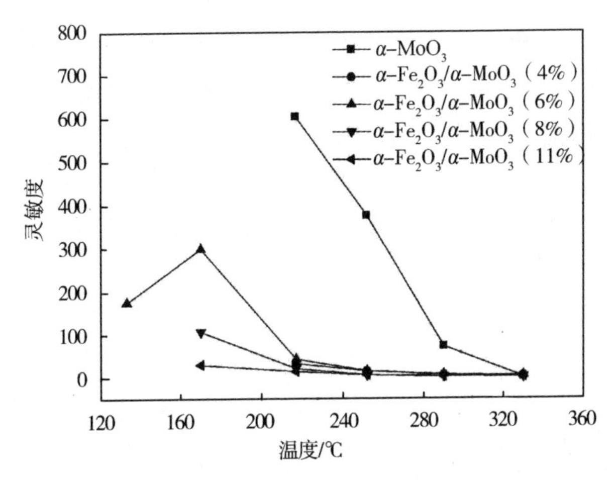

图7－9 纯相$\alpha-MoO_3$空心球厚膜器件和不同物质的量比的$\alpha-Fe_2O_3/\alpha-MoO_3$空心球厚膜器件在133～330 ℃对100 ppm三乙胺气体的灵敏度

表7－2 不同物质的量比的$\alpha-Fe_2O_3/\alpha-MoO_3$空心球厚膜器件在133～330 ℃时对100 ppm三乙胺气体的灵敏度

Fe/Mo ＝ 0		Fe/Mo ＝ 4%		Fe/Mo ＝ 6%		Fe/Mo ＝ 8%		Fe/Mo ＝ 11%	
温度/℃	灵敏度	温度/℃	灵敏度	温度/℃	灵敏度	温度/℃	灵敏度	温度/℃	灵敏度
133	—	133	—	133	174.3	133	—	133	—
170	—	170	—	170	298	170	107	170	30.8
217	603.8	217	33.2	217	44.3	217	22.2	217	15.3
252	375	252	16.2	252	16.4	252	6.4	252	6.4
290	72.8	290	7.1	290	7.5	290	3.4	290	2.4
330	2.1	330	4.6	330	5.1	330	2.1	330	1.5

图7-10为170 ℃时，$\alpha-Fe_2O_3/\alpha-MoO_3$（6%）空心球厚膜器件对0.01～100 ppm三乙胺气体的灵敏度。随着三乙胺气体浓度的升高，厚膜器件对三乙胺气体的灵敏度也随之升高，在170 ℃对100 ppm三乙胺气体的灵敏度达到298，当三乙胺气体浓度低至0.01 ppm时，其灵敏度为1.6。综上所述，虽然复合后$\alpha-Fe_2O_3/\alpha-MoO_3$（6%）空心球对100 ppm三乙胺气体的灵敏度从纯相$\alpha-MoO_3$空心球的603降低到298，但是最佳工作温度却从217 ℃降低到170 ℃，且在133 ℃对100 ppm三乙胺气体也有较高的灵敏度（107）。另外，$\alpha-Fe_2O_3/\alpha-MoO_3$（6%）空心球厚膜器件对三乙胺气体的检测限也从纯相$\alpha-MoO_3$空心球厚膜器件的0.1 ppm降低到0.01 ppm，说明$\alpha-Fe_2O_3$的复合使材料对三乙胺气体的气敏性能有所改善，包括降低工作温度和提高检测限。

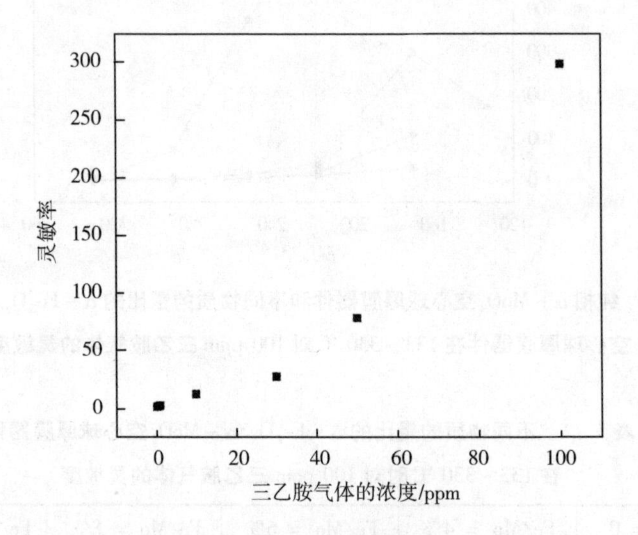

图7-10 $\alpha-Fe_2O_3/\alpha-MoO_3$（6%）空心球器件在170 ℃对0.01-100 ppm三乙胺气体的灵敏度图

图7-11为不同物质的量比的$\alpha-Fe_2O_3/\alpha-MoO_3$厚膜器件在工作温度为170 ℃时，对100 ppm乙醇、丙酮、甲苯、二甲苯、二甲胺、三甲胺、苯胺和三乙胺8种气体的灵敏度。在170 ℃时，不同物质的量比的$\alpha-Fe_2O_3/\alpha-MoO_3$厚膜器件均对三乙胺气体的选择性最好，对100 ppm三乙胺气体的灵敏度从高到低的顺序为：$\alpha-Fe_2O_3/\alpha-MoO_3$（6%）>$\alpha-Fe_2O_3/\alpha-MoO_3$

(8%)>$\alpha-Fe_2O_3/\alpha-MoO_3$(4%)>$\alpha-Fe_2O_3/\alpha-MoO_3$(11%),也就是说,最佳物质的量比为6%。各物质的量比的$\alpha-Fe_2O_3/\alpha-MoO_3$厚膜器件在170 ℃时,对100 ppm各种气体的灵敏度具体见表7-3。

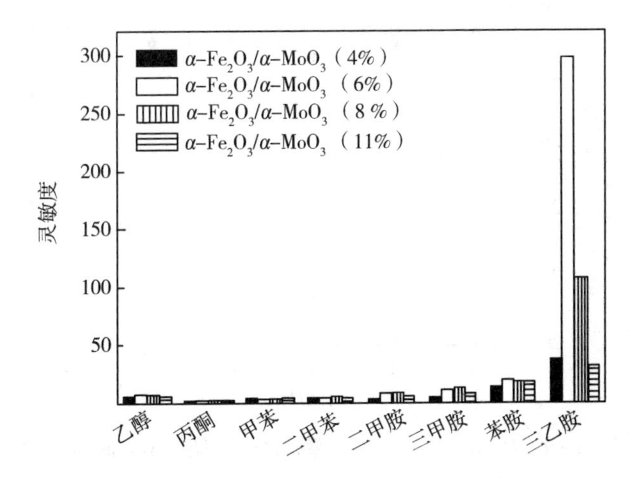

图7-11　不同物质的量比的$\alpha-Fe_2O_3/\alpha-MoO_3$空心球厚膜器件在170 ℃对100 ppm不同气体的灵敏度

表7-3　不同物质的量比的$\alpha-Fe_2O_3/\alpha-MoO_3$厚膜器件在170 ℃时对100 ppm不同气体的灵敏度

测试气体(100 ppm)	乙醇	丙酮	甲苯	二甲苯	二甲胺	三甲胺	苯胺	三乙胺
灵敏度 Fe/Mo = 4%	6.0	1.2	3.4	4.2	2.9	4.8	13.1	36.9
灵敏度 Fe/Mo = 6%	6.8	1.5	2.4	4.1	7.9	10.7	19.2	298
灵敏度 Fe/Mo = 8%	6.2	1.4	2.9	5.2	8.5	12.5	17.8	107
灵敏度 Fe/Mo = 11%	4.9	1.6	3.5	4.3	5.5	7.9	18	30.9

为了考察$\alpha-Fe_2O_3/\alpha-MoO_3$(6%)厚膜器件的长期稳定性和重复性,选用了同条件下制备的5个厚膜器件,在170 ℃对100 ppm三乙胺气体进行气敏性能测试,如图7-12所示。测定的6个月之内,不同厚膜器件对三乙胺气体的灵敏度保持在最初测定值的98% ±2%。这说明多级结构$\alpha-Fe_2O_3/\alpha-MoO_3$(6%)厚膜器件有很好的稳定性和重复性,可应用于实际生

产中相对较低的工作温度(170 ℃)对痕量三乙胺气体的检测。

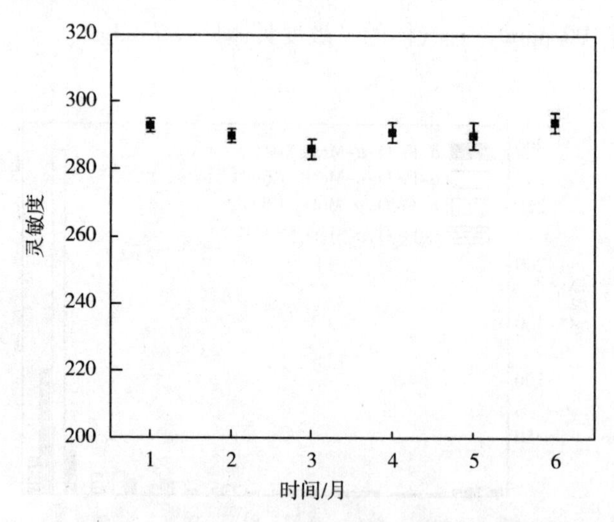

图7-12 $\alpha-Fe_2O_3/\alpha-MoO_3$(6%)厚膜器件在储存不同时间后,于170 ℃对100 ppm三乙胺气体的灵敏度

图7-13为$\alpha-Fe_2O_3/\alpha-MoO_3$(6%)厚膜器件在170 ℃时,对0.01~100 ppm三乙胺气体的灵敏度-恢复曲线。由图可见,$\alpha-Fe_2O_3/\alpha-MoO_3$(6%)复合材料为典型的n型半导体。$\alpha-Fe_2O_3/\alpha-MoO_3$(6%)厚膜器件对0.01 ppm和100 ppm三乙胺气体的响应较快,分别是32 s和2.6 s,但恢复时间依旧较长,对0.01 ppm和100 ppm三乙胺气体的恢复时间分别是814 s和3853 s。

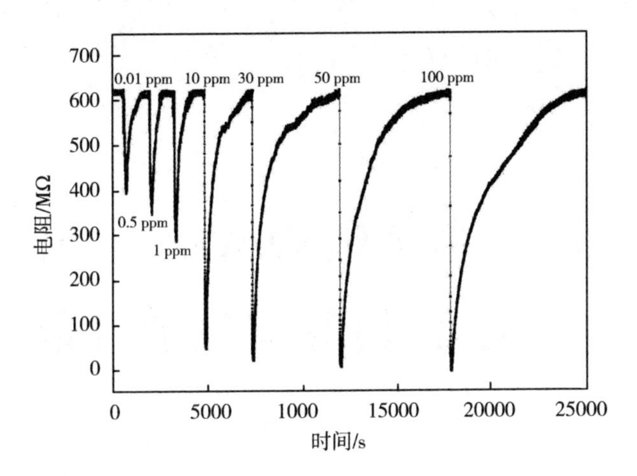

图7-13　$\alpha-Fe_2O_3/\alpha-MoO_3$(6%)厚膜器件在170 ℃对0.01～100 ppm三乙胺气体的灵敏度-恢复曲线

7.3　本章小结

1. 以乙酰丙酮氧钼为原料，乙酰丙酮铁为铁源，正丁醇为溶剂，硝酸为酸源，采用简单的溶剂热法合成了不同物质的量比的$\alpha-Fe_2O_3/\alpha-MoO_3$空心球复合材料，其构筑单元为直径为400 nm～800 nm的纳米板。利用XRD、XPS、ICP等手段证明了$\alpha-Fe_2O_3$成功地复合于$\alpha-MoO_3$空心球中。

2. 将纯相$\alpha-MoO_3$和物质的量比为4%、6%、8%和11%的$\alpha-Fe_2O_3/\alpha-MoO_3$纳米材料制备成厚膜器件，分别对乙醇、丙酮、甲苯、二甲苯、二甲胺、三甲胺、苯胺和三乙胺8种气体进行了气敏性能测试，复合了$\alpha-Fe_2O_3$的$\alpha-MoO_3$对三乙胺气体的选择性仍旧很高，其中$\alpha-Fe_2O_3/\alpha-MoO_3$(6%)的空心球对三乙胺气体的气敏性能最好。与纯相$\alpha-MoO_3$空心球相比，虽然对100 ppm三乙胺气体的灵敏度有所降低，但工作温度从217 ℃降低到170 ℃，且在133 ℃对100 ppm三乙胺气体也有较高的灵敏度。最低检测限由0.1 ppm降低到0.01 ppm，响应时间由6 s缩短到2.6 s。

第8章　多级结构 $Au/\alpha-MoO_3$ 空心球的制备与气敏性能

8.1　引言

苯胺是芳香胺的一种，是生产环节中应用广泛的工业原料，但苯胺毒性比较高，而且易燃，为了工厂的生产安全和环境的安全监测，有必要对其进行严格的监控。对苯胺的传统的检测方法主要有液相色谱法、气相色谱法和毛细管电泳法，这些方法主要是对废水中的苯胺进行测定，样品需要预处理，而且操作费时、烦琐。最近研发的基于电化学和光学的传感器，可以用来测定气态的苯胺，但是制备方法比较复杂。基于半导体金属氧化物的化学传感器，因制备方法简单、成本低，可以实时、快速地测定空气中存在的痕量的有毒有害气体，成为测定挥发性苯胺的有效手段。

前面的研究发现，基于 MoO_3 的气体传感器对有机胺类气体有较好的选择性和灵敏度。尤其是多级结构的空心球有很大的比表面积，有效降低了器件的工作温度并提高了对三乙胺气体的灵敏度检测，但是恢复时间较长仍是需要解决的问题。通过气敏机理的讨论，可以推断 MoO_3 在与三乙胺气体接触时，除了表面吸附氧参与反应以外，MoO_3 本体的晶格氧也与三乙胺气体反应，这使得器件在恢复的过程中，Mo^{5+} 氧化为 Mo^{6+} 的过程比较缓慢而导致恢复时间较长。

在半导体金属氧化物表面负载贵金属是提高材料气敏性能的有效方法之一。负载的贵金属包括 Pd、Pt、Au、Ag 等。其中，含有 Au^{+}（多数为 $HAuCl_4$）的试剂价格相对便宜，而且负载操作简单，尤其是 Au 负载在金属氧化物上可以明显提高材料对目标气体的灵敏度并缩短响应恢复时间,因此,Au是负载时常用的贵金属。例如,Li 等人制备了 Au/SnO_2空心微球,与纯相的SnO_2空心微球相比,复合材料对 100 ppm 丙酮气体的灵敏度由 12 升至 53.4,响应时间和恢复时间分别为 0.7 s 和 21 s;Liu 等人合成的多级结构花状 Au/ZnO 对 50 ppm 乙醇气体的灵敏度为 8.9,比相同测试条件下纯相 ZnO 的灵敏度(2.8)高 3 倍,而且响应时间从复合前的 60 s 缩短到 10 s;Wang 等人制备的 Au/NiO 复合材料对 10 ppm 丙酮气体的响应、恢复时间分别由负载前的 21 s、28 s 缩短到 Au 负载后的 1.7 s、11 s。可见,在气敏响应中 Au 主要是作为活性成分起到了催化作用。

此外还发现不同 Au 负载量的 $\alpha-MoO_3$微球对苯系物也有相对较好的气体传感特性。苯系物,即芳香族有机化合物,为苯及衍生物的总称,是人类活动排放的常见污染物,一般情况下,苯系物主要包括苯、甲苯、乙苯、二甲苯、三甲苯、苯乙烯、苯酚、苯胺、氯苯、硝基苯等。苯系物是挥发性有机化合物中最具危险的物质,是生产环节中应用广泛的工业原料,但苯系物毒性比较高,可致癌而且易燃,因此,有必要对环境中痕量的苯系物进行严格的监控。

传统的检测方法主要有气相色谱法和液相色谱法,主要是对水体中的苯系物进行测定,样品需要预处理,而且操作费时、烦琐。最近研发的基于电化学和光学的传感器,可以用来测定气态的苯系物,但是制备方法比较复杂。基于半导体金属氧化物的化学传感器,制备方法简单、成本低,可以实时、快速地测定空气中存在的痕量的有毒有害气体,有可能成为测定挥发性有机化合物的有效手段。但是,由于苯、甲苯和二甲苯有相似的物理及化学性质,因此对它们进行选择性测试仍具一定的挑战性。

因此,本章通过引入贵金属 Au 加速有机胺气体和表面吸附氧的反应,并降低或尽量阻止有机胺与MoO_3本体的晶格氧反应,从而缩短器件对目标气体的恢复时间。实验中以前面的较佳条件下合成的 $\alpha-MoO_3$空心球为主体,通过表面修饰法将 Au 纳米粒子引入 $\alpha-MoO_3$空心球表面,通过控制 $HAuCl_4 \cdot 4H_2O$ 金胶的加入量,制备不同 Au 负载质量比的 $Au/\alpha-MoO_3$空心球纳米材料,在一定的温度范围内考察各负载质量比复合空心球的气敏性能。Au 的负载和工作温度的提高使 $\alpha-MoO_3$空心球对三乙胺气体的灵敏度降低，但对苯胺的灵敏度有所提高，因此，本章着重测试了 $Au/\alpha-MoO_3$空心球对苯胺的气敏性能，并探讨其气敏机理。

8.2 实验结果与讨论

8.2.1 多级结构 $Au/\alpha-MoO_3$空心球的结构表征

8.2.1.1 多级结构 $Au/\alpha-MoO_3$空心球前驱体的热分析

为了确定产物的热处理温度和稳定性，利用热重分析仪对前驱体的热稳定性进行了分析。图 8-1 为 $Au/\alpha-MoO_3$空心球的 TG 曲线。从图中可以看出，整个升温过程存在 3 个变化阶段：首先，在温度低于 350 ℃时，稍有失重，主要是因为失去了样品表面的吸附水和反应后残留的有机物；其次，在 350～720 ℃时，曲线没有明显变化，此温度范围内产物稳定，是恒重过程；最后，当温度高于 720 ℃时，样品迅速失重，是$\alpha-MoO_3$的升华过程。所以，为了得到稳定、纯相的纳米材料，热处理温度应为 350 ℃。

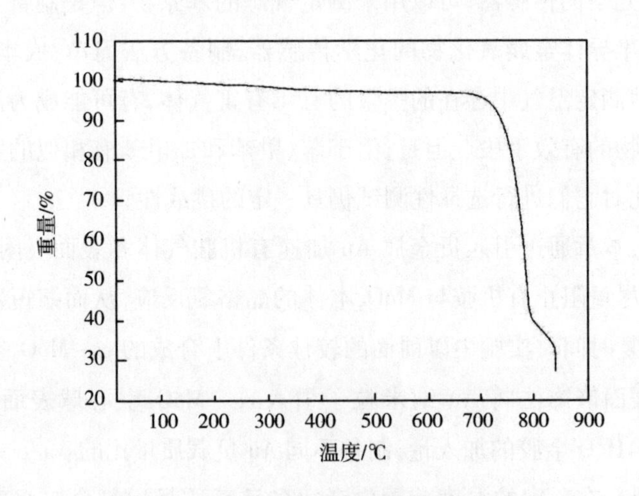

图 8-1 $Au/\alpha-MoO_3$空心球的 TG 曲线

8.2.1.2　Au/α-MoO_3空心球的物相分析

图8-2是350 ℃热处理后不同Au负载质量比Au/α-MoO_3空心球的XRD图，图中从下至上的顺序分别是Au负载质量比为0、0.5%、1%、2%和5%，与图库中标准卡片(JCPDS No. 35-0609)对比，所有的衍射峰与α-MoO_3相吻合，证明所获得的材料经350 ℃热处理后主相为α-MoO_3。在XRD图中，没有观察到Au的衍射峰，这可能是由于Au的实际负载量太少，且α-MoO_3结晶度较高，衍射峰太强，把Au的衍射峰掩盖了。

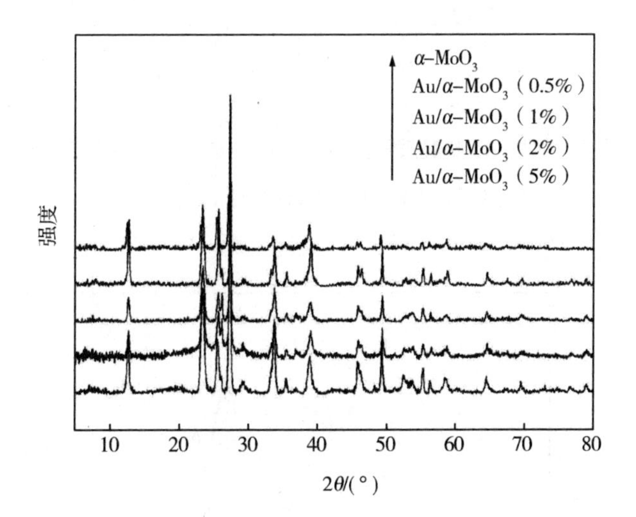

图8-2　不同Au负载质量比的Au/α-MoO_3空心球的XRD图

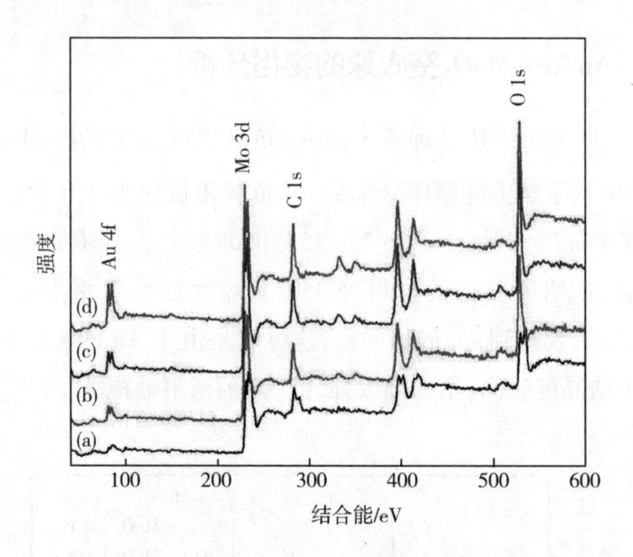

图 8-3　不同 Au 负载质量比的 Au/$\alpha-MoO_3$空心球的 XPS 全谱图

(a)0.5%;(b)1%;(c)2%;(d)5%

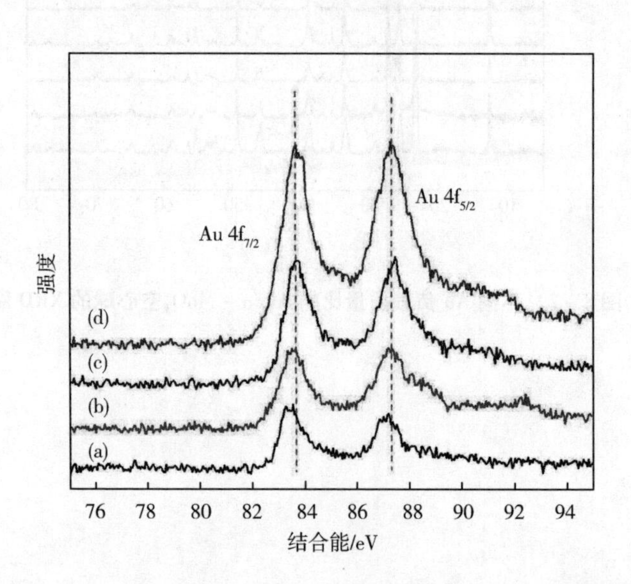

图 8-4　不同 Au 负载质量比的 Au/$\alpha-MoO_3$空心球中 Au 4f 的 XPS 谱图

(a)0.5%;(b)1%;(c)2%;(d)5%

为了进一步研究复合材料的表面信息,采用 XPS 技术对材料的化学组成及元素的价态等进行了分析。如图 8-3 所示,曲线(a)、(b)、(c)和(d)

分别为 Au 负载质量比为 0.5%、1%、2%和 5%的 $Au/\alpha-MoO_3$空心球 XPS 全谱图。由图可以看出,这 4 种复合纳米材料中均含有 Mo、C、O 和 Au 元素,说明 Au 已经成功负载在空心球表面。为了进一步确定 $\alpha-MoO_3$空心球表面 Au 的状态,图 8-4 单独列出不同负载质量的复合物中 Au 的 XPS 谱图,曲线(a)、(b)、(c)和(d)中 Au 负载质量比分别为 0.5%、1%、2%和 5%,由于自旋轨道的相互作用,Au 4f 分裂为 Au $4f_{5/2}$和 Au $4f_{7/2}$,其峰位分别位于 87.1 eV 和 83.4 eV、87.2 eV 和 83.5 eV、87.4 eV 和 83.7 eV、87.3 eV 和 83.7 eV,通过与标准结合能比对,证明了复合物中 Au 是以单质形式存在的,说明 Au 已成功引入 $\alpha-MoO_3$空心球表面。观察不同负载质量比的 Au 4fXPS谱图,可以看出当理论负载质量比增加时,Au 4f 轨道的峰面积也随之增大,说明 Au 的相对含量也随之增加。

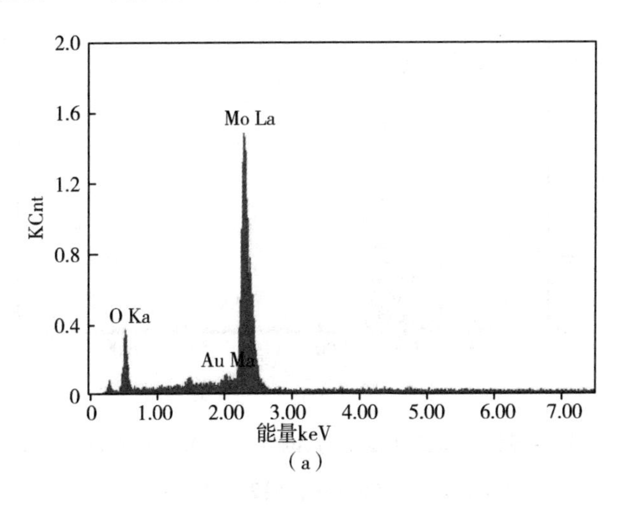

(a)

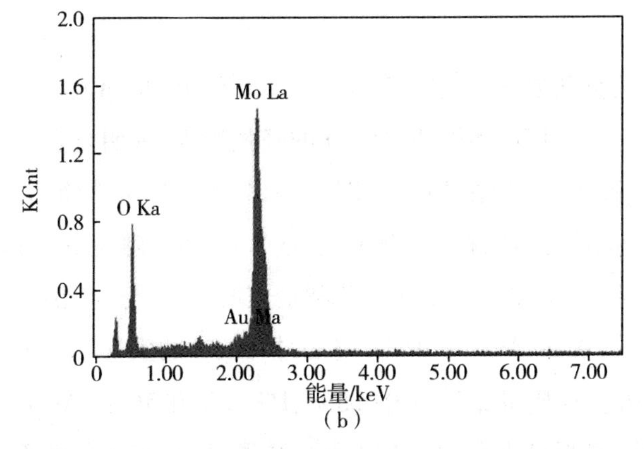

(b)

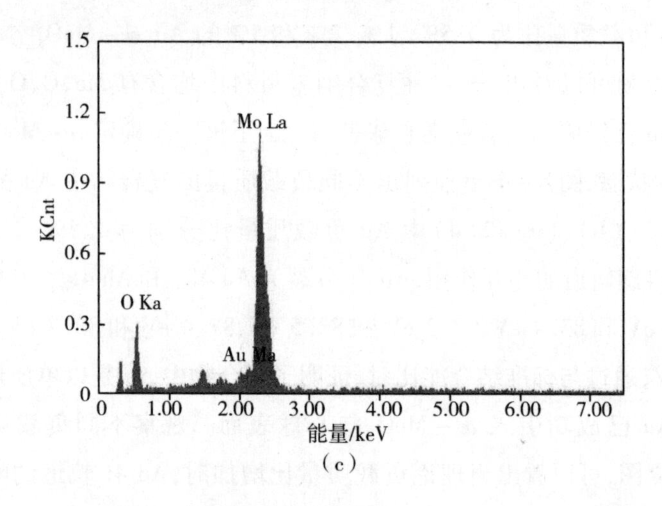

(c)

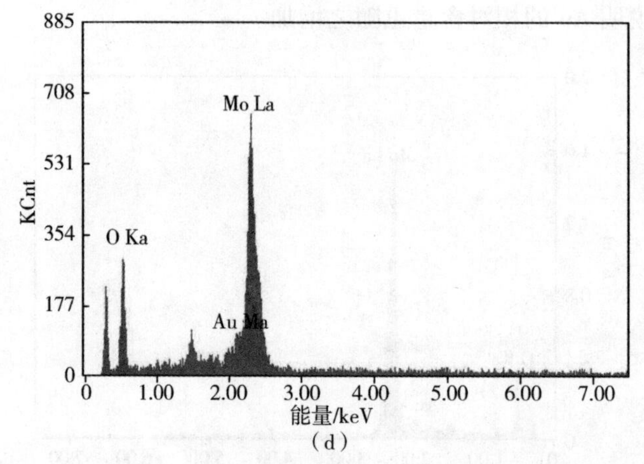

(d)

图 8-5　不同 Au 负载质量比的 Au/$\alpha-MoO_3$ 空心球的 EDS 谱图

(a)0.5%;(b)1%;(c)2%;(d)5%

图 8-5 为负载质量比为 0.5%、1%、2% 和 5% 的 Au/$\alpha-MoO_3$空心球的 EDS 谱图。在各 EDS 谱图中,Mo、O 的峰强较强,说明复合材料含有的元素主要为 Mo 和 O。另外在 EDS 谱图中还出现了 Au 的特征谱线,说明 Au 纳米粒子已经成功地负载在 $\alpha-MoO_3$空心球上,而且随着 Au 理论负载质量比的增加,相应的 Au 纳米粒子实际负载量也增加,这与预期结果相吻合。

为了进一步确定 Au/$\alpha-MoO_3$ 空心球中 Au 的实际负载质量比,采用 ICP 技术对 Au 负载质量比分别为 0.5%、1%、2% 和 5% 的 Au/$\alpha-MoO_3$空心球进行了测定,结果见表 8-1。ICP 测试结果显示,实际负载质量与理论计算值基本保持一致，对应的 Au 的负载质量比分别为 0.4%、0.9%、2%和 5.3%。

表 8-1　Au 负载质量比分别为 0.5%、1%、2%和 5%的 $Au/\alpha-MoO_3$ 空心球的 ICP 测定结果

$Au/\alpha-MoO_3$空心球	1#	2#	3#	4#
理论计算值/%	0.5	1	2	5
ICP 测定值/%	0.4	0.9	2	5.3

8.2.1.3　$Au/\alpha-MoO_3$空心球的形貌和精细结构

为了观察负载后空心球的形貌和 Au 在空心球表面的负载情况，对不同 Au 负载质量的 $Au/\alpha-MoO_3$ 球进行 SEM 分析，如图 8-6 所示。其中图(a)、(c)、(e)和(g)分别为负载质量比为 0.5%、1%、2%和 5%的 $Au/\alpha-MoO_3$球的 SEM 图，图中可见球的尺寸及形貌与纯 $\alpha-MoO_3$相比基本没有发生变化，尺寸为 400～600 nm，各图中均有一些非球形的形貌存在，可能是由于负载前，将 $\alpha-MoO_3$ 球在表面活性剂及乙醇配制的混合溶液中搅拌 24 h，纳米棒构筑的空心球结构部分被破坏。由高倍率放大 SEM 图(b)、(d)、(f)、(h)进一步观察不同 Au 负载质量的空心球表面，可以发现空心球是由纳米棒构筑而成的，表面有微小粒子，可能是负载到 $\alpha-MoO_3$表面的 Au 粒子。

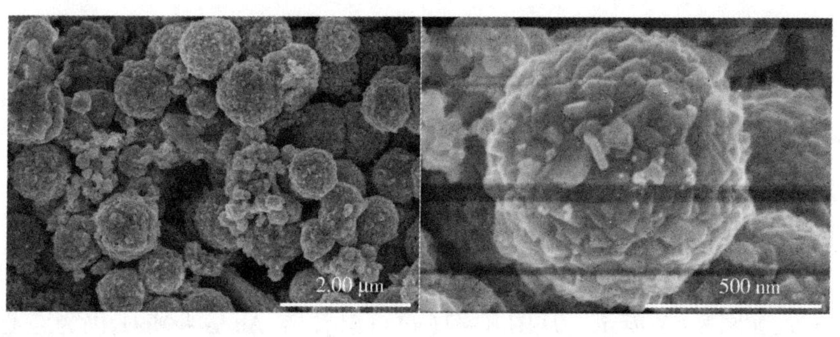

(a)　　　　　　　　(b)

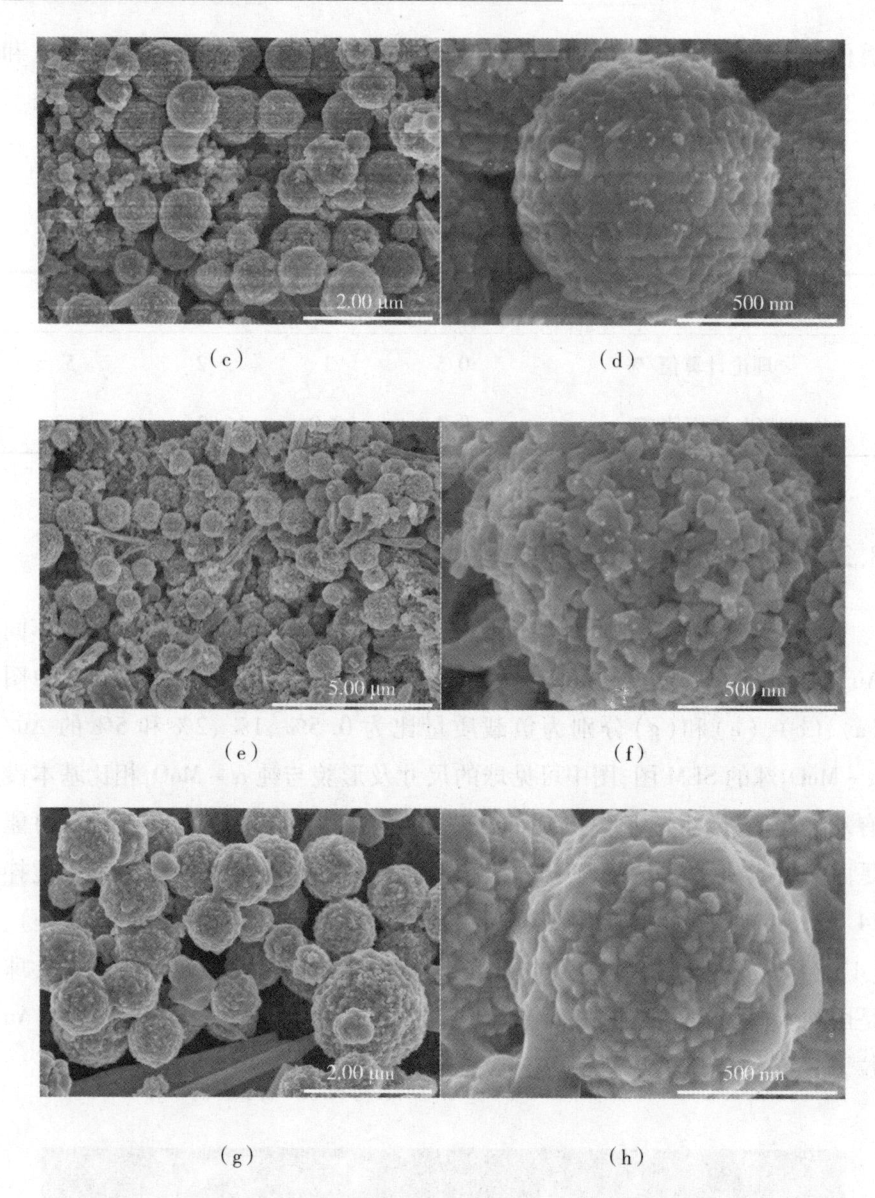

(c) (d)

(e) (f)

(g) (h)

图 8-6 不同 Au 负载质量比的 Au/$\alpha-MoO_3$空心球的 SEM 图
(a)、(b)0.5%;(c)、(d)1%;(e)、(f)2%;(g)、(h)5%

为了进一步证实 Au 纳米粒子是否负载在 $\alpha-MoO_3$空心球表面,采用 TEM 及 HRTEM 对负载质量比为 1% 的 Au/$\alpha-MoO_3$空心球进行了精细结构分析,如图 8-7 所示。从图 8-7(a)可以看出,Au/$\alpha-MoO_3$仍为空心结构,尺寸为 600 nm,球的边缘附着微小的粒子。进一步对表面进行放大,如

图8-7(b)所示，Au/α-MoO$_3$空心球的主体构筑单元与α-MoO$_3$空心球的基本一致，为纳米棒，说明在负载过程中并没有破坏空心球的结构，通过色差可以更清晰地看到Au纳米粒子已经负载在α-MoO$_3$空心球表面，Au纳米粒子直径为5~20 nm。由图8-7(c)可见两种不同类型的晶格条纹，其中晶格条纹间距为0.23 nm的晶面与立方晶相Au的(111)晶面相吻合，而晶格条纹间距为0.36 nm的晶面则对应了α-MoO$_3$的(001)晶面。选区电子衍射(SAED)图8-7(d)表明，产物为多晶。结果表明，Au/α-MoO$_3$空心球在350 ℃热处理1 h后，基本保持了原来的形貌，负载的Au粒子在纳米尺寸范围，并且为立方晶相的单质。

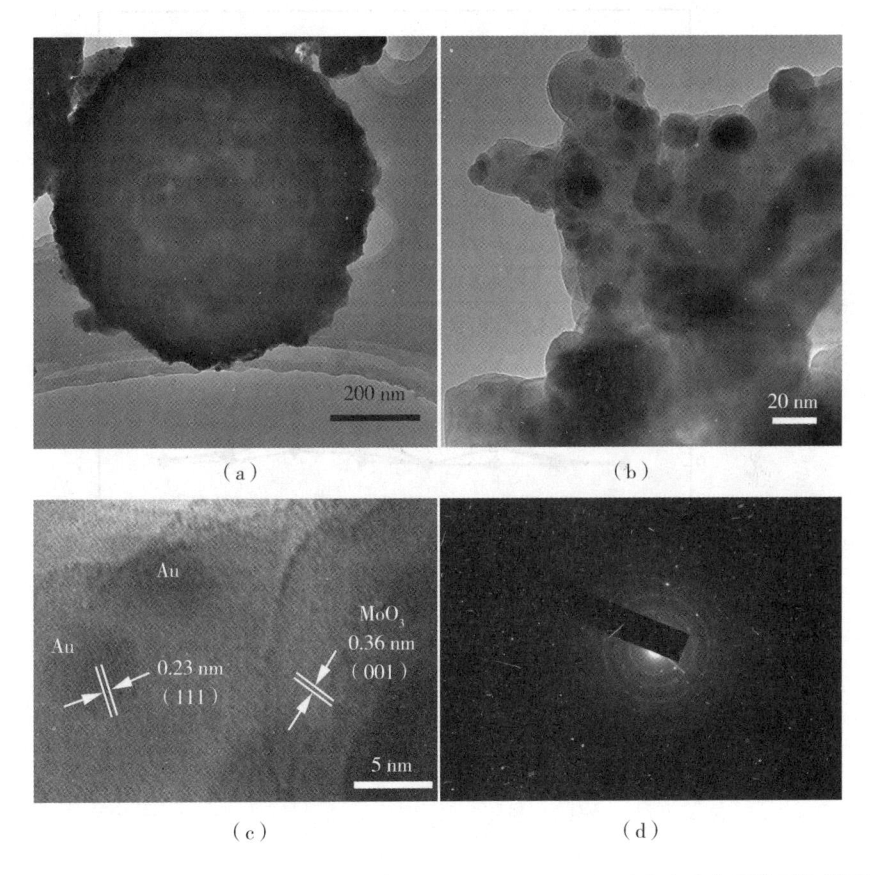

图8-7　(a)、(b)Au/α-MoO$_3$空心球的TEM图；(c)HRTEM图；(d)电子选区衍射图

8.2.2 Au/α-MoO_3空心球的气敏性能

为了考察负载 Au 后 α-MoO_3空心球材料的气敏性能，首先测试了 Au/α-MoO_3的气体选择性。将制备的不同 Au 负载质量比的 Au/α-MoO_3 材料制成厚膜器件，并在 217 ~ 330 ℃对 100 ppm 苯系物及有机胺类气体（苯、甲苯、二甲苯、氯苯、苯胺、三乙胺、三甲胺和二甲胺 8 种气体）进行气敏性能测试，如图 8-8 所示。

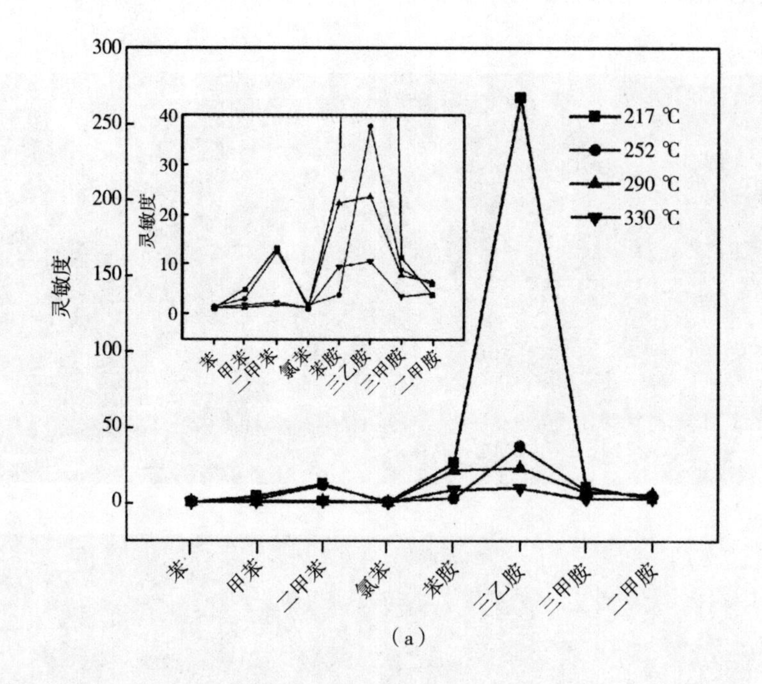

(a)

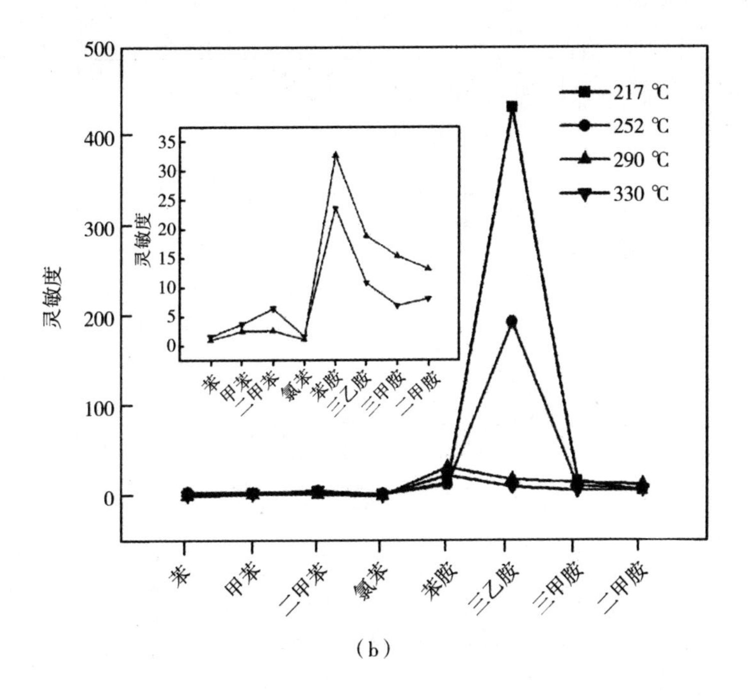
500
400
300
200
100
0
灵敏度
217 ℃
252 ℃
290 ℃
330 ℃
35
30
25
20
15
10
5
0
灵敏度
苯
甲苯
二甲苯
氯苯
苯胺
三乙胺
三甲胺
二甲胺

（b）

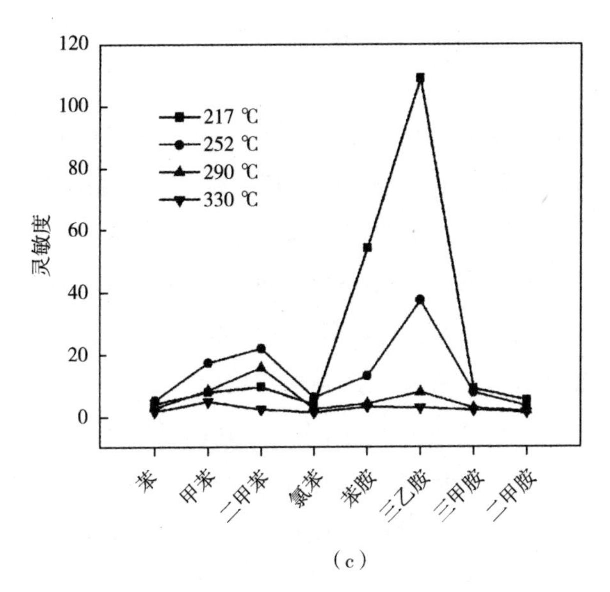
120
100
80
60
40
20
0
灵敏度
217 ℃
252 ℃
290 ℃
330 ℃
苯
甲苯
二甲苯
氯苯
苯胺
三乙胺
三甲胺
二甲胺

（c）

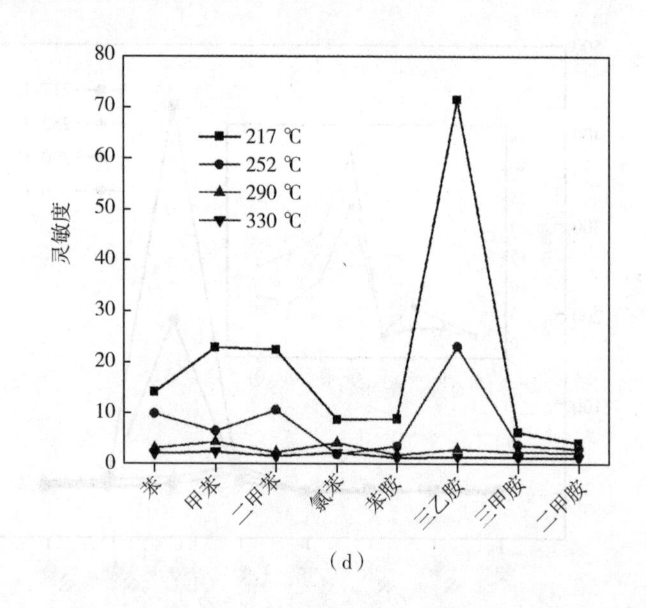

(d)

图 8-8 不同 Au 负载质量比的 Au/α-MoO_3空心球在 217~330 ℃对 100 ppm 不同气体的灵敏度

(a)0.5%;(b)1%(c)2%;(d)5%

如图 8-8(a)所示,在温度范围为 217~330 ℃时,Au/α-MoO_3(0.5%)厚膜器件对三乙胺气体的选择性最好,特别是在工作温度为 217 ℃时,对 100 ppm 三乙胺气体的灵敏度可达到 267.7,但是相对于同条件下纯相的 α-MoO_3空心球对三乙胺气体的灵敏度(603.3)降低了很多。此外,在工作温度为 217 ℃和 252 ℃时,与纯相 α-MoO_3空心球相比,Au/α-MoO_3(0.5%)厚膜器件对二甲苯的气敏性能有所改善。Au/α-MoO_3(0.5%)厚膜器件在 217~330 ℃时,对100 ppm 各种气体的灵敏度见表 8-2。

如图 8-8(b)所示,在温度为 217 ℃和 252 ℃时,Au/α-MoO_3(1%)厚膜器件对 100 ppm 三乙胺气体的选择性最好,灵敏度为 432.7,但仍低于同条件下纯相 α-MoO_3空心球对三乙胺气体的灵敏度。然而,当温度升高到 290 ℃和 330 ℃时,Au/α-MoO_3(1%)器件对三乙胺气体的灵敏度迅速降低,而对苯胺的灵敏度明显提高,分别是 35.2 和 23.7,且明显高于其他气体,有一定的选择性,尤其是在 330 ℃时,对苯胺的选择性更明显,所以考虑到实际情况,Au/α-MoO_3(1%)厚膜器件对苯胺的工作温度应选择在

330 ℃。$Au/\alpha-MoO_3$(1%)厚膜器件在217～330 ℃时,对100 ppm各种气体的灵敏度见表8-3。

如图8-8(c)所示,$Au/\alpha-MoO_3$(2%)厚膜器件在217 ℃时,对三乙胺气体的选择性较高,灵敏度为109,但较纯相的$\alpha-MoO_3$空心球、$Au/\alpha-MoO_3$(0.5%)和$Au/\alpha-MoO_3$(1%)厚膜器件对三乙胺气体的灵敏度低很多,在此温度下,对100 ppm苯胺的灵敏度(54.2)明显提高,对除了三乙胺之外的其他6种气体有较好的选择性,$Au/\alpha-MoO_3$(2%)厚膜器件在217～330 ℃时,对100 ppm各种气体的灵敏度见表8-4。

如图8-8(d)所示,$Au/\alpha-MoO_3$(5%)厚膜器件在217 ℃和252 ℃时,对三乙胺气体的选择性稍高,但为相同测试条件下这4种厚膜器件中灵敏度最低的,$Au/\alpha-MoO_3$(5%)厚膜器件在217～330 ℃时,对100 ppm各种气体的灵敏度见表8-5。

表8-2 $Au/\alpha-MoO_3$(0.5%)空心球在217～330 ℃对不同气体的灵敏度

工作温度/℃	217	252	290	330
苯	1.1	1.4	1.1	1.1
甲苯	4.8	2.9	1.2	1.6
二甲苯	13.2	12.4	1.7	2.2
氯苯	1.2	1.7	1.2	1.1
苯胺	27.3	3.7	22.3	9.4
三乙胺	267.7	38	23.7	10.5
三甲胺	11.3	8.8	7.7	3.4
二甲胺	3.8	5.8	6.4	4.0

表 8-3 $Au/\alpha-MoO_3$(1%)空心球在 217~330 ℃对不同气体的灵敏度

工作温度/℃	217	252	290	330
苯	2.1	4.4	1.1	1.6
甲苯	3.6	4.2	2.5	3.7
二甲苯	4.0	6.3	2.6	6.4
氯苯	2.2	2.5	1.1	1.7
苯胺	15	13.5	35.2	23.7
三乙胺	432.7	193.6	18.9	10.8
三甲胺	17.6	11.5	15.4	6.9
二甲胺	6.4	8.1	13.2	8.1

表 8-4 $Au/\alpha-MoO_3$(2%)空心球在 217~330 ℃对不同气体的灵敏度

工作温度/℃	217	252	290	330
苯	4.1	5.3	2.8	1.7
甲苯	7.9	17.5	8.5	4.9
二甲苯	9.7	22.1	15.9	2.4
氯苯	3.9	6.2	2.5	1.4
苯胺	54.2	13.2	4.3	3.2
三乙胺	109	37.5	7.9	2.9
三甲胺	9.1	7.8	2.8	2.1
二甲胺	5.4	3.5	1.8	1.5

表 8-5　Au/α-MoO$_3$(5%)空心球在 217~330 ℃对不同气体的灵敏度

工作温度/℃	217	252	290	330
苯	14.2	9.9	3.2	2.1
甲苯	22.9	6.5	4.4	2.5
二甲苯	22.5	10.6	2.4	1.6
氯苯	8.8	2.0	4.2	2.3
苯胺	8.9	3.6	1.9	1.3
三乙胺	71.5	23.1	3.0	1.5
三甲胺	6.3	3.8	2.5	1.4
二甲胺	4.2	3.1	2.3	1.3

综上所述,纯相的 α-MoO$_3$空心球在负载了不同质量比的 Au 单质后,对 100 ppm 三乙胺气体的灵敏度均有不同程度的降低,这可能是由于 Au 负载以后起到了催化剂的作用,加快了 Au/α-MoO$_3$材料表面的化学吸附氧与三乙胺的反应,有效地阻止了 α-MoO$_3$本体中晶格氧与三乙胺的反应,使得在相同的测试条件下 Au/α-MoO$_3$复合材料对三乙胺气体的灵敏度降低,同时导致了复合材料在恢复过程中恢复时间均不同程度缩短,具体见表 8-6。表面负载了 Au 纳米粒子后,Au/α-MoO$_3$空心球对苯胺的灵敏度均有不同程度的提高,尤其在工作温度为 330 ℃时,Au/α-MoO$_3$(1%)厚膜器件对苯胺的选择性最好、灵敏度较高,所以在后续研究中,选择 Au/α-MoO$_3$(1%)厚膜器件对苯胺的气敏性能进行进一步研究。

表 8-6　不同 Au 负载质量比的 Au/α-MoO_3 空心球在 217 ℃时对 100 ppm 三乙胺气体的灵敏度、响应时间和恢复时间

	α-MoO_3	Au/α-MoO_3 (0.5%)	Au/α-MoO_3 (1%)	Au/α-MoO_3 (2%)	Au/α-MoO_3 (5%)
灵敏度	603	267.7	432.7	109	71.5
响应时间/s	6	5.4	2	8	8
恢复时间/s	1953	1162	1469	564	498

为了确定 Au/α-MoO_3厚膜器件在不同 Au 负载质量比对苯胺气体的灵敏度与工作温度之间的关系，在 217～330 ℃下，将 Au 负载质量比分别为 0、0.5%、1%、2%和 5%的 Au/α-MoO_3 5 种厚膜器件对 100 ppm 苯胺气体进行了测试，如图 8-9 所示。纯相 α-MoO_3空心球和 Au 负载质量比为 2%和 5%的 Au/α-MoO_3厚膜器件对苯胺气体的灵敏度随着温度的变化呈现相同的趋势，即随着温度的升高灵敏度逐渐降低，在各温度下对苯胺气体的灵敏度都遵循以下顺序：Au/α-MoO_3(2%)＞α-MoO_3＞ Au/α-MoO_3(5%)。Au/α-MoO_3(2%)厚膜器件在 217 ℃时，对苯胺气体的灵敏度为 54.2；Au/α-MoO_3(0.5%)厚膜器件对 100 ppm 苯胺气体的灵敏度随着温度变化出现先降低再升高再降低的变化趋势，即在 217 ℃灵敏度最高为 27.3，252 ℃灵敏度降低到 3.7，290 ℃灵敏度反而提高到 22.3，温度升高到 330 ℃时灵敏度又降低到 9.4；Au/α-MoO_3(1%)厚膜器件对苯胺的灵敏度在 217 ℃和 252 ℃时变化不大，在 290 ℃时灵敏度最高为 35.2，温度升高到 330 ℃时，灵敏度降低到 23.7。综上所述，纯相 α-MoO_3空心球和 Au 负载质量比为 0.5%、2%和 5%的 Au/α-MoO_3空心球厚膜器件对 100 ppm 苯胺气体的最佳工作温度为 217 ℃，但是在此温度下，各厚膜器件对苯胺气体的选择性不高，Au/α-MoO_3(1%)厚膜器件对苯胺的最佳工作温度为 330 ℃，在此温度下对苯胺气体的选择性和灵敏度都很高，因此在后续研究中，选择 Au/α-MoO_3(1%)厚膜器件在温度为 330 ℃时，对苯胺气体进行详细的气敏性能测试。

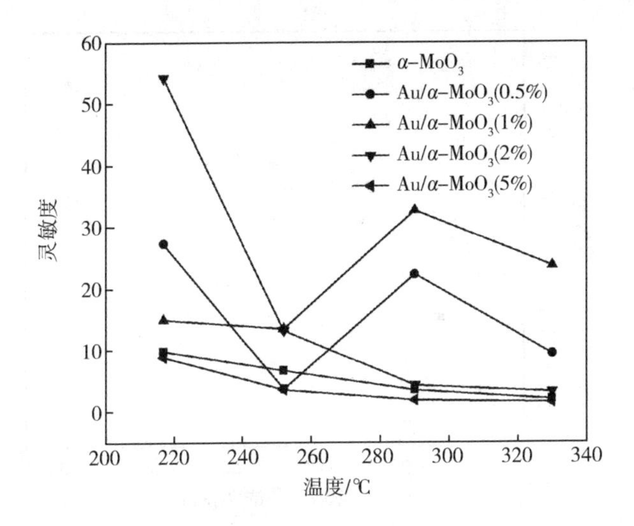

图 8-9　不同 Au 负载质量比的 Au/α-MoO$_3$ 厚膜器件在 217~330 ℃对 100 ppm 苯胺气体的灵敏度

图 8-10 为 Au/α-MoO$_3$(1%)厚膜器件在最佳工作温度 330 ℃时对不同浓度苯胺气体的浓度-灵敏度图。可以看出，厚膜器件对苯胺气体的灵敏度均随着气体浓度的升高而增加。当苯胺气体浓度为 100 ppm 时，其灵敏度为 23.7；当苯胺气体浓度低至 0.5 ppm 时，其灵敏度为 1.3。由此可知，具有多级结构的 Au/α-MoO$_3$(1%)空心球是一种极佳的用于检测痕量(0.5 ppm)苯胺气体的气敏材料。

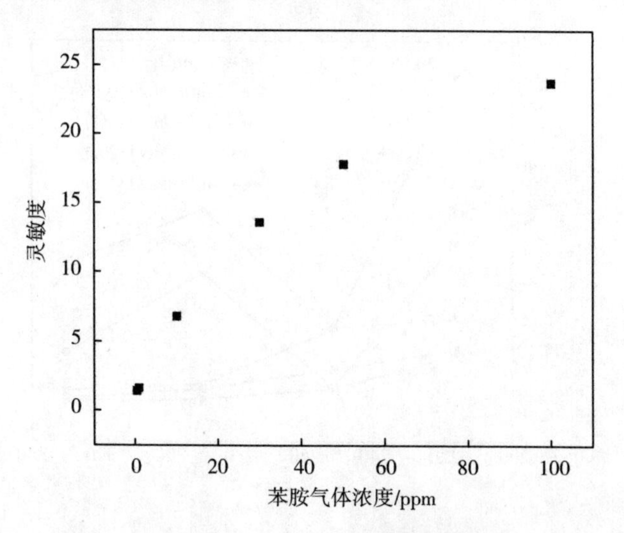

图 8－10　$Au/\alpha-MoO_3$(1%)厚膜器件在 330 ℃对不同浓度苯胺气体的浓度－灵敏度图

为了考察 $Au/\alpha-MoO_3$(1%)长期稳定性和重复性，选用了 5 个同条件下制备的厚膜器件，在 330 ℃对 100 ppm 的苯胺气体进行气敏性能测试，如图 8－11 所示。测定的 180 天之内，厚膜器件对苯胺气体的灵敏度保持在最初测定值(23.7)的 98% ± 2%。再延长存放的时间，厚膜器件对苯胺的灵敏度也基本保持在 22 左右，说明多级结构 $Au/\alpha-MoO_3$(1%)空心球厚膜器件有很好的稳定性和重复性，可应用于实际生产中对苯胺气体的检测。

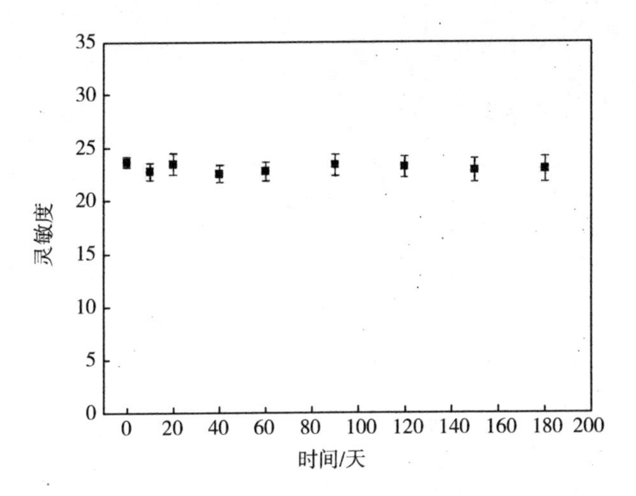

图 8-11　Au/α-MoO$_3$(1%)厚膜件在储存不同时间后，于 330 ℃对 100 ppm 苯胺气体的灵敏度变化图

图 8-12 为 Au/α-MoO$_3$(1%)厚膜器件在 330 ℃时对 0.5～100 ppm 苯胺气体的灵敏度-恢复曲线。当厚膜器件与苯胺气体接触时，厚膜器件的电阻迅速下降，在短时间内达到最小的电阻值，并趋于平稳，说明 Au/α-MoO$_3$空心球具有 n 型半导体的特征，当厚膜器件脱离了苯胺气氛在空气中稳定一段时间后，能够恢复到初始的电阻值。Au/α-MoO$_3$(1%)厚膜器件对 0.5 ppm 和 100 ppm 苯胺气体的响应时间分别为 44 s 和 1 s，对 0.5 ppm 和 100 ppm 苯胺气体的恢复时间分别为 161 s 和 463 s。Au/α-MoO$_3$(1%)厚膜器件对 100 ppm 苯胺气体有很快的响应，是因为在 330 ℃这一最佳工作温度下，一方面更有利于苯胺气体的吸附及苯胺与化学吸附氧和晶格氧的氧化还原反应；另一方面 Au 以最佳负载质量负载在 α-MoO$_3$表面，起到了催化剂的作用，加速了气体反应过程。恢复时间相对较长主要是因为少量的苯胺气体会与 α-MoO$_3$本体中的晶格氧发生反应，使得 Mo 由 Mo^{6+}被还原为低价的 Mo^{5+}，同时伴有氧空位的生成，所以在恢复过程中，虽然有 Au 负载在其表面，可以起到催化剂的作用，加快催化反应，但 Mo^{5+}重新被氧化为高价的 Mo^{6+}仍需要一段时间。综上所述，Au/α-MoO$_3$(1%)厚膜器件适用于复杂环境中对痕量苯胺气体的检测。

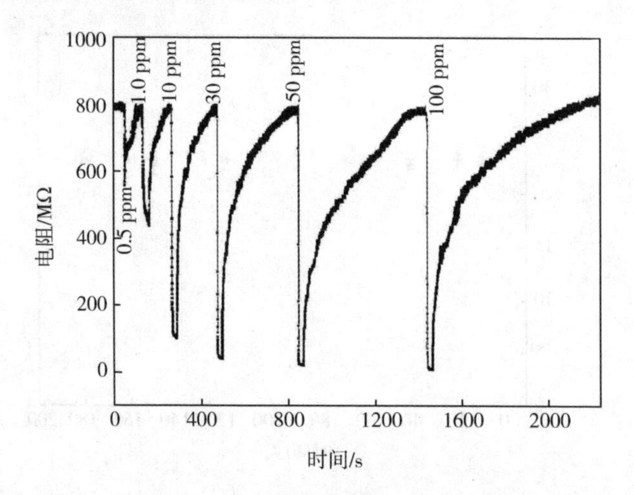

图 8 - 12　$Au/\alpha-MoO_3$ (1%) 厚膜器件在 330 ℃时对不同浓度苯胺气体的灵敏度 - 恢复曲线

8.2.3　$Au/\alpha-MoO_3$ 空心球的对苯系物的气敏性能

为了考察负载 Au 后 $\alpha-MoO_3$ 空心球材料的气敏性能，首先测试了 $Au/\alpha-MoO_3$ 的气体选择性。将制备的不同 Au 负载质量比的 $Au/\alpha-MoO$ 材料制成厚膜器件，并在温度为 250 ℃时，对 100 ppm 的苯、甲苯、二甲苯、氯苯、乙醇和甲醛 6 种气体进行气敏性能测试，如图 8 - 13 所示。

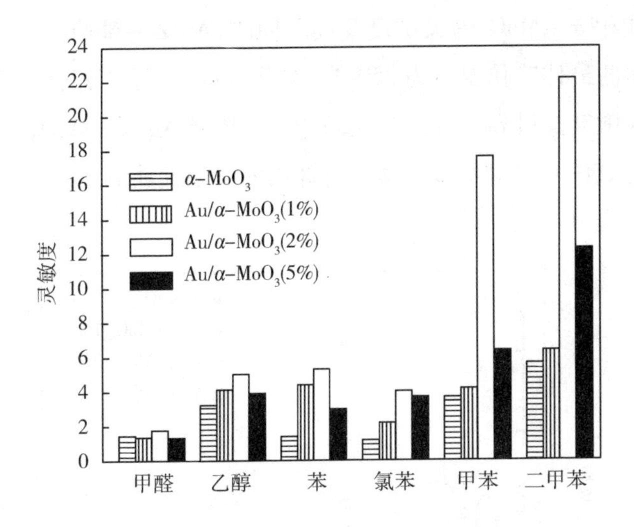

图 8-13　不同 Au 负载质量比的 Au/α-MoO$_3$ 厚膜器件在最佳温度下对 100 ppm 不同气体的灵敏度

从图 8-13 可以看出，纯相的 α-MoO$_3$厚膜器件对这 6 种气体没有明显的选择性，但是负载了 Au 后，厚膜器件对这 6 种气体的灵敏度所提高，特别是负载量为 2% 的 Au/α-MoO$_3$厚膜器件，对苯、甲苯和二甲苯的灵敏度分别为 5.3、17.5 和 22.1，分别为纯相 α-MoO$_3$ 厚膜器件的 3.8 倍、4.6 倍和 3.9 倍。

为了确定 Au/α-MoO$_3$厚膜器件在不同 Au 负载质量比对甲苯气体的灵敏度与工作温度之间的关系，在 217～330 ℃下，将 Au 负载质量比分别为 0、1%、2% 和 5% 的 Au/α-MoO$_3$ 4 种厚膜器件对 100 ppm 甲苯气体进行了测试，如图 8-14 所示。在温度范围为 217～330 ℃时，随着温度的升高，所有厚膜器件的灵敏度均表现出升高—最大—降低的趋势，每种厚膜器件对甲苯气体都有其最佳的工作温度。这说明当厚膜器件在各自的最佳工作温度下，气体分子表现出更高的反应活性，气体分子吸附在材料表面并被氧化，但是温度再升高，会加速甲苯气体分子从材料表面脱附，使得有效吸附量减少，灵敏度降低。此外，Au/α-MoO$_3$（1%）、Au/α-MoO$_3$（2%）和 Au/α-MoO$_3$（5%）厚膜器件的最佳工作温度为 250 ℃，比纯相的 α-MoO$_3$的最佳工作温度 290 ℃降低了 40 ℃。Au/α-MoO$_3$（1%）、Au/α-MoO$_3$（2%）和 Au/α-MoO$_3$（5%）厚膜器件对 100 ppm 甲苯气体的灵敏度分别为 6.3、17.5 和

8.4，都比纯相 $\alpha-MoO_3$ 的灵敏度要高。同时，$Au/\alpha-MoO_3$（2%）厚膜器件对甲苯气体的最佳工作温度为 250 ℃，在此温度下，厚膜器件对甲苯气体的选择性和灵敏度都最高，因此在后续研究中，选择 $Au/\alpha-MoO_3$（2%）厚膜器件在温度为 250 ℃时对甲苯气体进行详细的气敏性能测试。

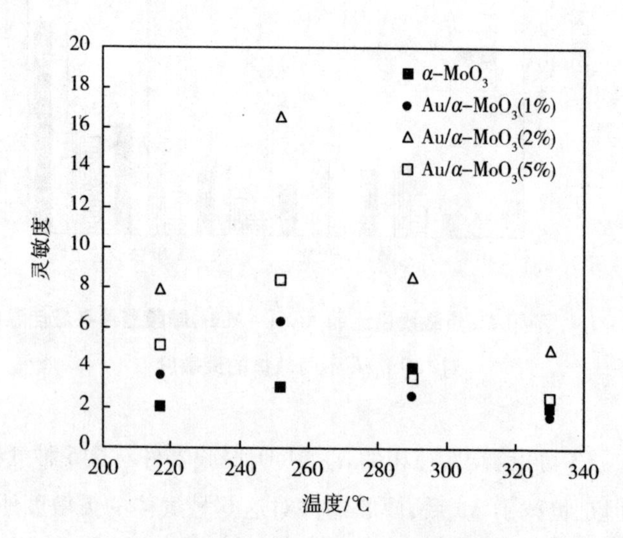

图 8-14　不同 Au 负载质量比的 $Au/\alpha-MoO_3$ 厚膜器件在 217～330 ℃对 100 ppm 甲苯气体的灵敏度

图 8-15 为 $Au/\alpha-MoO_3$（2%）厚膜器件在最佳工作温度 250 ℃时对 0.1～100 ppm 苯、甲苯和二甲苯气体的浓度-灵敏度图。可以看出，厚膜器件对苯、甲苯和二甲苯气体的灵敏度均随着气体浓度的升高而增加。当苯、甲苯和二甲苯气体浓度为 100 ppm 时，其灵敏度分别为 5.3、17.5 和 22.1。此外，厚膜器件对苯系物有良好的线性关系，对浓度为 5～100 ppm 的苯气体的线性相关系数 $R^2=0.9973$；对浓度为 1～100 ppm 的二甲苯气体的线性相关系数 $R^2=0.9922$；对浓度为 0.5～100 ppm 的甲苯气体的线性相关系数 $R^2=0.9987$。

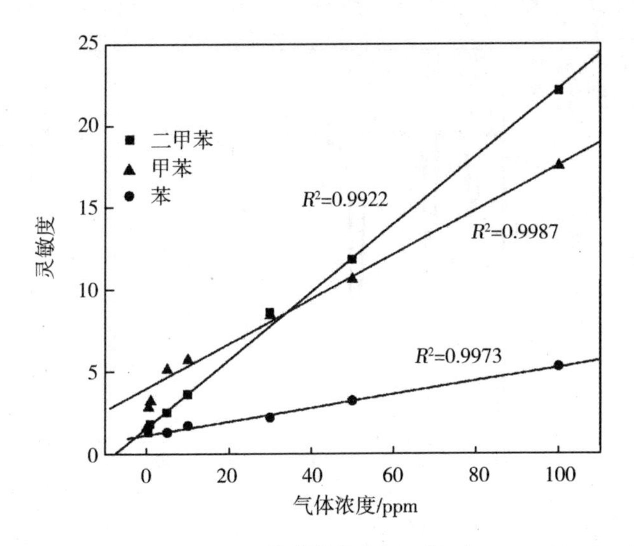

图8-15 Au/α-MoO$_3$(2%)厚膜器件在250 ℃对0.1～100 ppm苯、甲苯和二甲苯气体的浓度-灵敏度图

图8-16为Au/α-MoO$_3$(2%)厚膜器件在250 ℃时对不同浓度的苯、甲苯和二甲苯气体的灵敏度-恢复曲线。当厚膜器件接触到苯、甲苯和二甲苯气体时,电阻迅速减小,并达到平稳值,这属于n型半导体金属氧化物的特性。Au/α-MoO$_3$(2%)厚膜器件对苯、甲苯和二甲苯气体均有良好的气敏特性,最低检测限分别为5 ppm、0.1 ppm和0.5 ppm。此外,Au/α-MoO$_3$(2%)厚膜器件对100 ppm甲苯和二甲苯的响应时间分别为1.6 s和2 s,比纯相α-MoO$_3$厚膜器件的19 s和6 s缩短了很多。

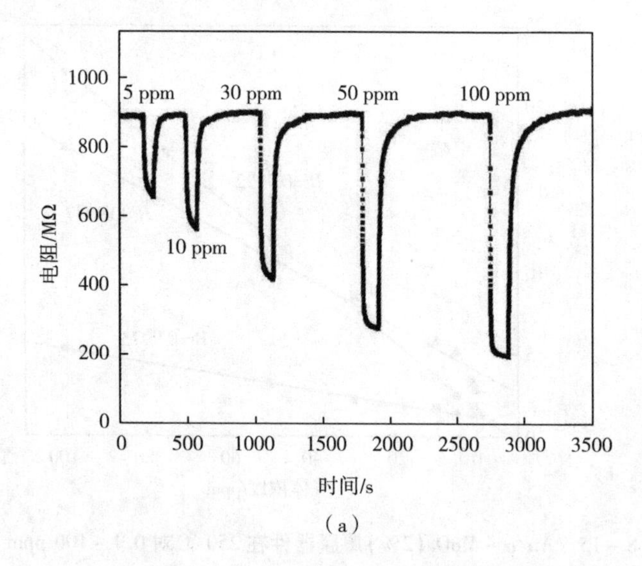
5 ppm
30 ppm
50 ppm
100 ppm
10 ppm
电阻/MΩ
时间/s
0
200
400
600
800
1000
500
1000
1500
2000
2500
3000
3500

(a)

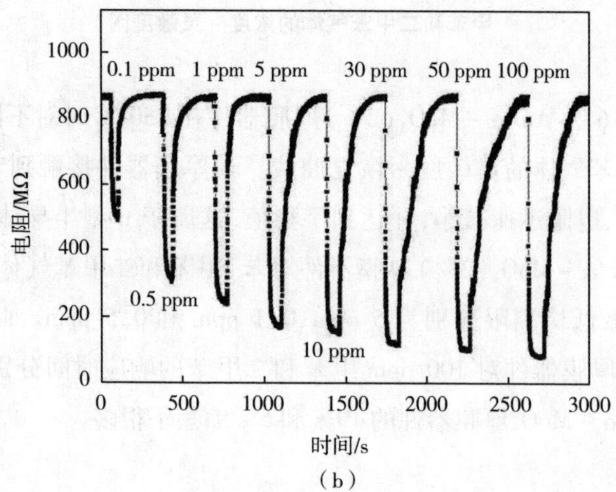
0.1 ppm
1 ppm
5 ppm
30 ppm
50 ppm
100 ppm
0.5 ppm
10 ppm
电阻/MΩ
时间/s
0
200
400
600
800
1000
500
1000
1500
2000
2500
3000

(b)

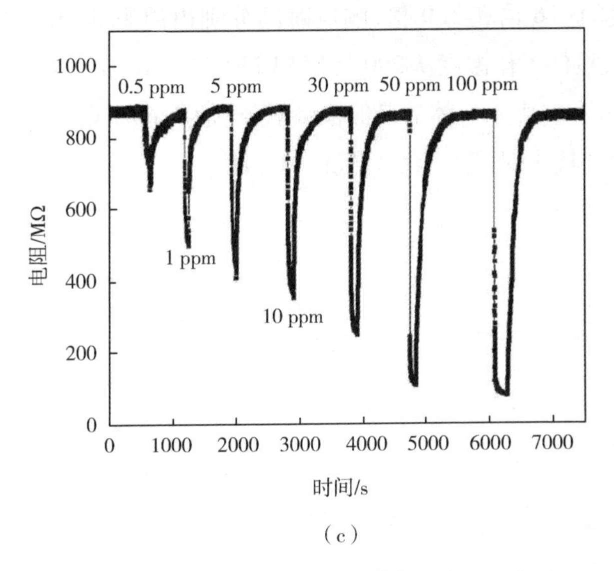

(c)

图 8－16　Au/α－MoO$_3$(2%)厚膜器件在 250 ℃时对不同浓度气体的灵敏度－恢复曲线

(a)苯;(b)甲苯;(c)二甲苯

8.3　本章小结

1. 以 $HAuCl_4 \cdot 4H_2O$ 为金源,采用表面修饰法在 α－MoO$_3$空心球表面成功负载了不同 Au 质量比的单质 Au 纳米粒子,获得了 Au/α－MoO$_3$复合空心球纳米材料。空心球均由纳米棒构筑而成,直径为 400～600 nm,Au 粒子直径为 5～20 nm。

2. Au 的负载降低了 α－MoO$_3$空心球对三乙胺气体的灵敏度,但提高了对苯胺的灵敏度。其中 Au 负载质量比为 1% 的 Au/α－MoO$_3$厚膜器件的气敏性能和选择性最佳,对 100 ppm 苯胺的响应为 23.7,最低检测限可达到 0.5 ppm,可用于复杂环境中对苯胺气体的检测。

3. Au 的负载提高了 α－MoO$_3$空心球对苯系物气体的气敏性能。其中 Au/α－MoO$_3$(2%)厚膜器件的气敏性能和选择性最佳,对 100 ppm 甲苯和二甲苯气体的灵敏度分别为 17.5 和 22.1,分别为纯相 α－MoO$_3$在 290 ℃条件下灵敏度的4.6倍和3.9倍，响应时间分别由原来的19 s和6 s缩短到1.6 s和2 s，最佳工作温度从290 ℃降到250 ℃。Au/$\alpha-MoO_3$(2%)厚膜器件对苯、甲苯和二甲苯气体的最低检测限分别为1 ppm、0.1 ppm和0.5 ppm，可用于复杂环境中对痕量苯系物气体的检测。

第9章 MoO_3基纳米材料的气敏机理

9.1 引言

在气体传感器敏感材料的制备及气敏性质的探讨中，人们也一直致力于气体传感器工作原理的研究。截至目前，对于气体传感器的气敏机理仍旧没有统一的定论，普遍公认的气敏机理模型主要包括体电导控制型和吸附氧模型。一般认为在气体响应过程中，目标气体主要是与气敏材料表面生成的化学吸附氧反应，从而引起气敏材料的电导率的变化。MoO_3材料比较特别，其特有的晶体结构对于MoO_6正八面体来讲，边缘联结的能量比角联结能量低，这使得在去除表面的晶格氧后容易形成剪切结构，从而不能在表面形成化学吸附氧。因此，MoO_3气体响应模式取决于表面晶格氧而不是化学吸附氧，也就是材料与目标气体接触时，MoO_3表面晶格氧催化氧化了目标气体，同时自身被还原，导致了材料的电导率发生变化。

为了研究MoO_3基材料对有机胺类气体的气敏机理，了解有机胺类气体接触MoO_3之后生成的氧化产物十分必要。然而，到目前为止，在气敏机理研究中，由于目标气体被氧化或是被还原后的产物是气态的，其量也非常小，因此人们至今没有十分有效的方法来对其进行定性。因此本章拟利用XPS确定气敏材料表面元素价态的变化，利用GC－MS技术来分析目标气体在接触器件前后气体成分的变化，再根据已有报道推断MoO_3基纳米材料对有机胺类气体的气敏机理。

9.2 MoO_3基纳米材料对三乙胺气体的气敏机理

9.2.1 $\alpha-MoO_3$纳米材料对三乙胺气体的气敏机理

采用XPS技术分析$\alpha-MoO_3$厚膜器件在最佳工作温度接触三乙胺气体前后材料表面元素价态的变化。在$\alpha-MoO_3$厚膜器件接触三乙胺气体前，如图9-1(a)所示，Mo 3d 两个峰分别位于232.9 eV 和236.0 eV，这与MoO_3的Mo^{6+}相吻合。如图9-1(d)所示，在529.3 eV、530.5 eV和532.0 eV处分别对应了晶格氧、化学吸附氧和羟基氧，这也进一步证实了MoO_3中表面吸附氧的存在。当厚膜器件与50 ppm三乙胺气体接触时，如图9-1(b)所示，Mo 3d的两个峰分别位于232.8 eV和236.0 eV，表明钼的价态没有发生变化，仍为Mo^{6+}。然而，化学吸附氧的量由未接触三乙胺气体之前的21%减少到17%，如图9-1(e)所示，这一结果也说明了当三乙胺气体浓度较低时，仅仅是材料表面的化学吸附氧和检测的还原性气体之间发生了氧化还原反应。此外，当三乙胺气体的浓度增加到100 ppm时，如图9-1(c)所示，谱图中除了在232.9 eV和236.0 eV处所对应的Mo^{6+}的Mo $3d_{5/2}$和Mo $3d_{3/2}$的峰之外，还发现了在231.1 eV和234.3 eV处所对应的Mo $3d_{5/2}$和Mo $3d_{3/2}$的峰，这说明了Mo^{5+}的存在，表明厚膜器件与100 ppm三乙胺气体接触后，部分Mo^{6+}被还原成Mo^{5+}。同时，通过图9-1(f)也发现，厚膜器件表面的化学吸附氧量进一步减少到11%，因此，可以推断在较高的三乙胺气体浓度存在时，MoO_3中的晶格氧催化氧化了三乙胺气体，而且三乙胺气体浓度越高，相应就会有更多的Mo^{6+}被还原成Mo^{+}。

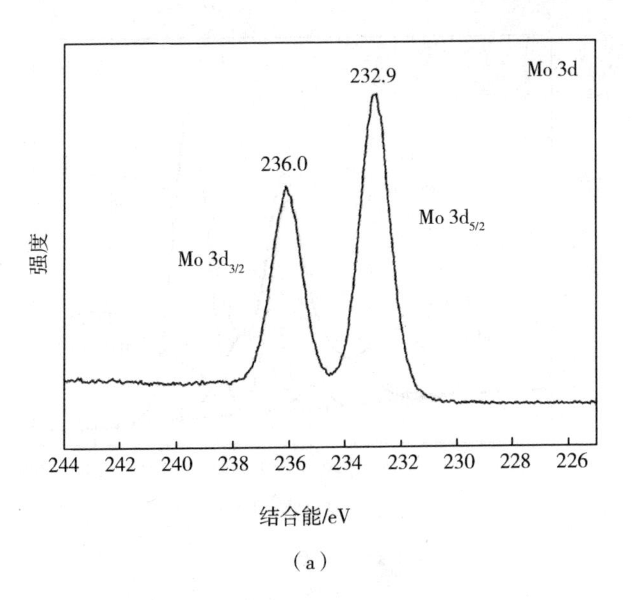
Mo 3d
232.9
236.0
Mo 3d5/2
Mo 3d3/2
强度
244
242
240
238
236
234
232
230
228
226
结合能/eV

（a）

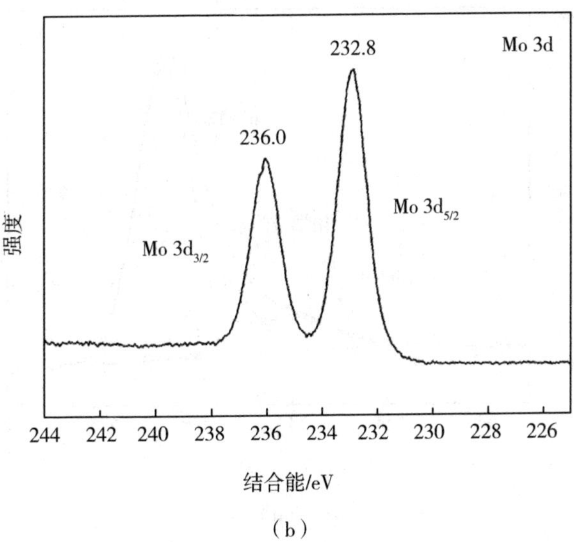
Mo 3d
232.8
236.0
Mo 3d5/2
Mo 3d3/2
强度
244
242
240
238
236
234
232
230
228
226
结合能/eV

（b）

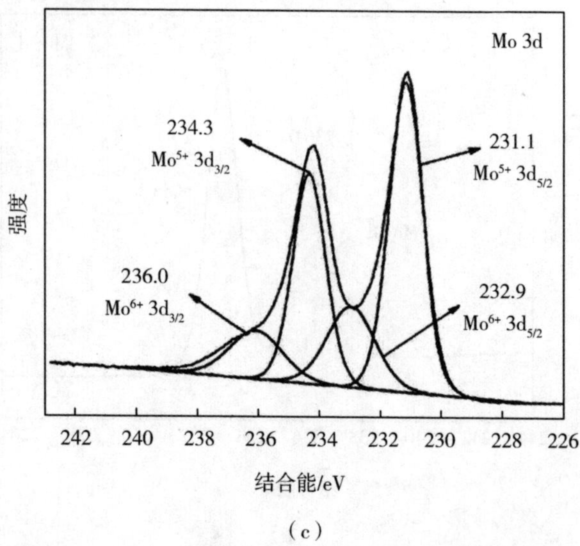
Mo 3d
234.3
Mo^{5+} $3d_{3/2}$
231.1
Mo^{5+} $3d_{5/2}$
236.0
Mo^{6+} $3d_{3/2}$
232.9
Mo^{6+} $3d_{5/2}$
强度
242 240 238 236 234 232 230 228 226
结合能/eV

（c）

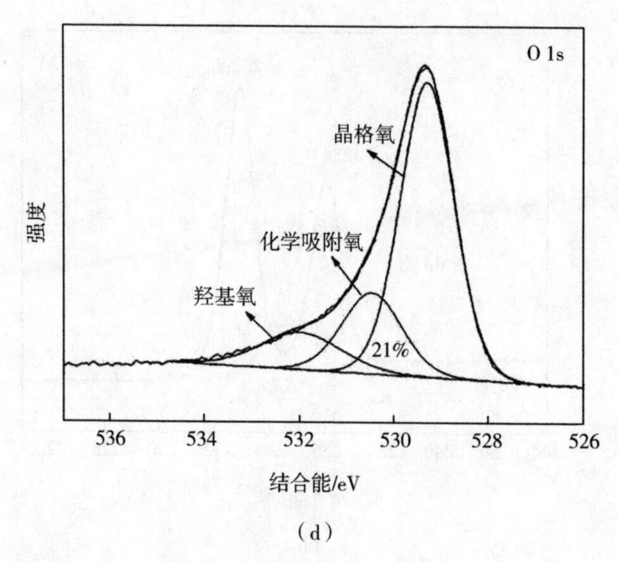
O 1s
晶格氧
化学吸附氧
羟基氧
21%
强度
536 534 532 530 528 526
结合能/eV

（d）

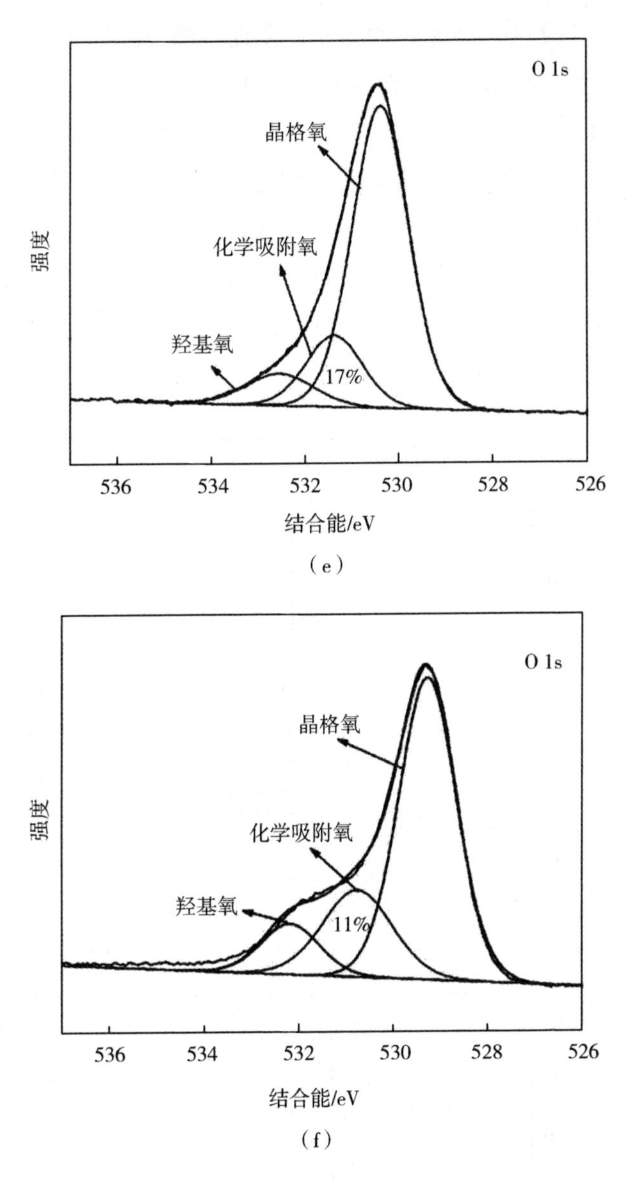

图9-1 $\alpha-MoO_3$厚膜器件在接触三乙胺气体前后的 Mo 3d 和 O 1s XPS 谱图

(a)、(d)接触前;(b)、(e)接触 50 ppm;(c)、(f)接触 100 ppm

图9-2(a)为三乙胺标准样品的气相色谱图,图中显示三乙胺的保留时间为1.58 min,对应质谱图中核质比为101的片段,如图9-2(b)所示。当$\alpha-MoO_3$与三乙胺气体在最佳工作温度下相互作用以后,则有新的产物生成,如图9-2(c)所示,三乙胺气体的保留时间为1.81 min,对应质谱图中核

质比为 100 的片段,如图 9-2(d)所示。由此推断,在三乙胺的氧化过程中,应该经历了一个脱氢的过程。Fuente 报道过当有机胺作为电子给体时,其光致氧化产物通常为乙烯胺、烯胺、亚胺离子、醛和脱烷基化物,并且利用 GC-MS 技术确定了三乙胺在经过光催化后的产物为乙烯胺,提出了“电子-质子-电子”转移的逐级反应机理。Xu 等人也在三乙胺光催化气体传感器的报道中进一步证实了三乙胺的最终氧化产物为乙烯胺 $Et_2N—CH=CH_2$。因此,推断核质比为 100 对应的可能是带正电荷的乙烯胺的片段。

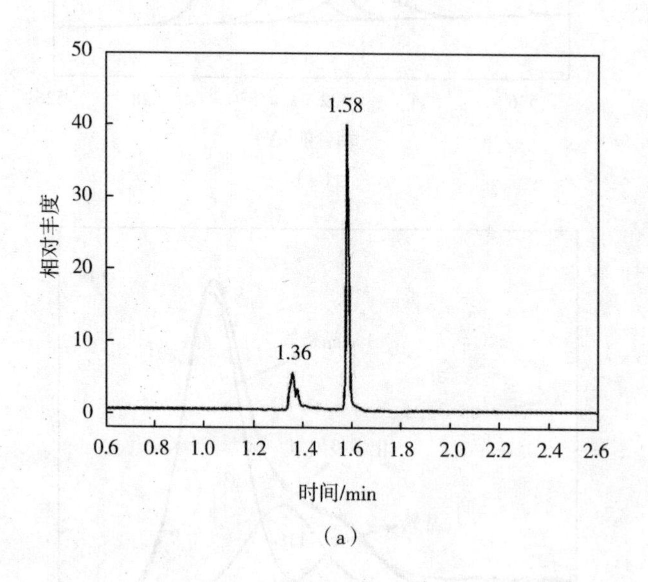

(a)

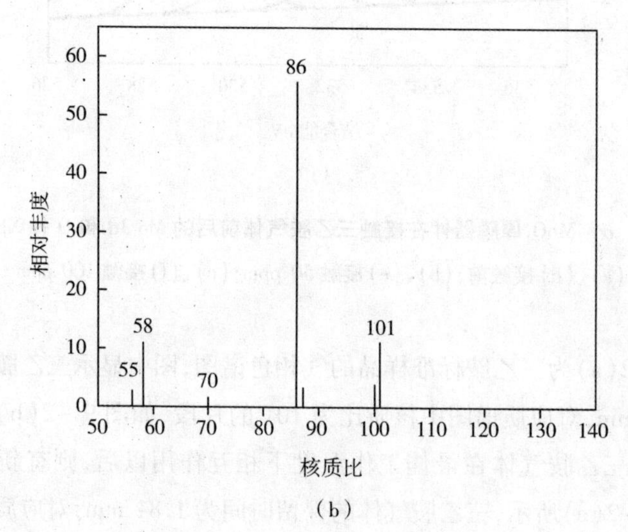

(b)

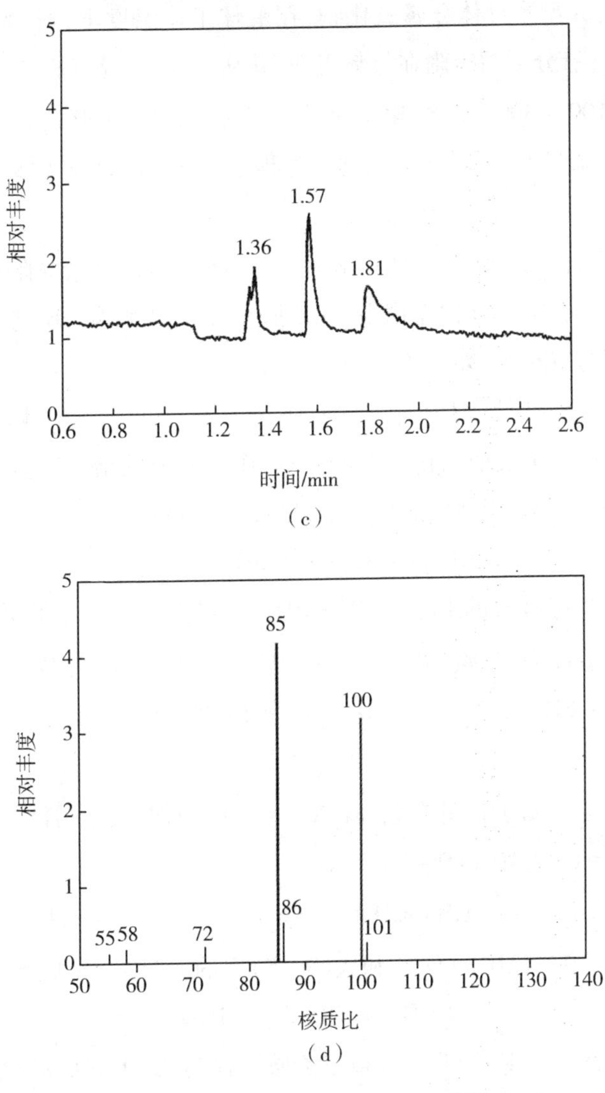

图9-2 (a)、(b)三乙胺和(c)、(d)三乙胺与$\alpha-MoO_3$厚膜器件接触后中间气态产物的气相色谱图和质谱图

综上所述,根据实验的研究结果并结合相关文献报道,最终将$\alpha-MoO_3$对三乙胺的气敏机理归纳为以下两个过程:在三乙胺气体浓度相对较低时,三乙胺主要是与$\alpha-MoO_3$表面的化学吸附氧反应,当三乙胺气体浓度升高时,三乙胺与$\alpha-MoO_3$所带的晶格氧也发生反应。

$\alpha-MoO_3$对三乙胺的气敏机理如图9-3所示,具体过程描述如下。

MoO_3为 n 型半导体金属氧化物，在最佳工作温度下，当 MoO_3厚膜器件在空气中时，氧分子被吸附在材料表面，并从 MoO_3的导带捕获电子形成化学吸附氧，在 100 ~ 300 ℃时，化学吸附氧主要以 O^- 的形式存在。因此，在 MoO_3表面逐渐形成电子耗尽层，这一过程如图 9 - 3(a)和式(9 - 1)所示：

$$O_{2(ads)} + 2e^- \longrightarrow 2O^-_{(ads)} \quad (9-1)$$

当厚膜器件与三乙胺气体接触后，三乙胺气体分子被吸附在 MoO_3厚膜器件表面，在 MoO_3的催化作用下，三乙胺中亚甲基的 C—H 键分解，形成脱氢的被吸附的胺和氢，如式(9 - 2)所示：

$$Et_2N—CH_2—CH_{3(ads)} \longrightarrow Et_2N—CH—CH_{3(ads)} + H_{(ads)} \quad (9-2)$$

然后，在 MoO_3表面的化学吸附氧 O^- 作为电子的给体与氢原子结合，形成吸附的羟基基团，同时释放出电子，见式(9 - 3)：

$$H_{(ads)} + O^- \longrightarrow OH_{(ads)} + e^- \quad (9-3)$$

式(9 - 2)中吸附的 $Et_2N—CH—CH_{3(ads)}$ 和式(9 - 3)中的吸附的 $OH_{(ads)}$ 之间发生电子转移，形成 $Et_2N^+ = CH—CH_3$ 和 OH^-，如式(9 - 4)所示：

$$Et_2N—CH—CH_{3(ads)} + OH_{(ads)} \longrightarrow Et_2N^+ = CH—CH_3 + OH^- \quad (9-4)$$

式(9 - 4)中的中间产物 $Et_2N^+ = CH—CH_3$ 失去 H^+，形成乙烯胺 $Et_2N—CH = CH_2$，如式(9 - 5)所示：

$$Et_2N^+ = CH—CH_3 \longleftrightarrow Et_2N—CH = CH_2 + H^+ \quad (9-5)$$

最后，式(9 - 4)中的 OH^- 和式(9 - 5)中的 H^+ 结合生成水：

$$H^+ + OH^- \longrightarrow H_2O \quad (9-6)$$

以上式(9 - 1)到式(9 - 6)是三乙胺气体与 MoO_3表面的化学吸附氧反应的过程，整个过程可以用图 9 - 3(b)来表示，全反应式为：

$$Et_2N—CH_2—CH_{3(ads)} + O^-_{(ads)} \longrightarrow Et_2N—CH = CH_2 + H_2O + e^- \quad (9-7)$$

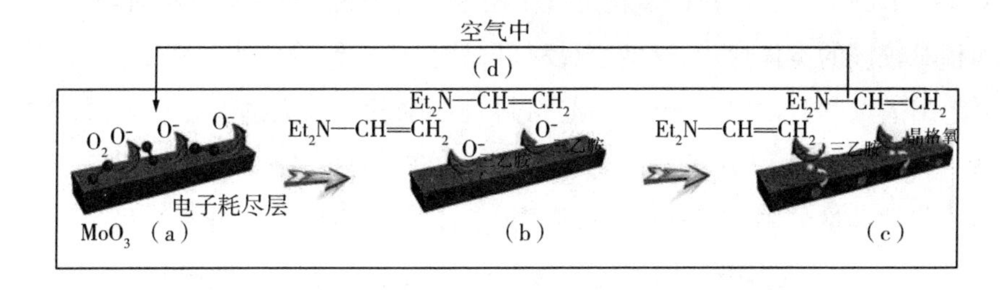

图9-3 多级结构$\alpha-MoO_3$气敏材料对三乙胺的气敏机理图

(a)化学吸附氧的形成过程;(b)表面反应过程;(c)本体反应过程;(d)恢复过程

MoO_3本身是一种性能优良的催化剂,在氧化还原反应中可以提高气体的吸附能力和对三乙胺的分解能力,因此,当三乙胺气体的浓度逐渐升高时,更多的三乙胺气体分子在MoO_3表面被吸附、分解,同时要消耗掉更多的O^-,这将导致电子耗尽层逐渐变薄,使得三乙胺气体与MoO_3本体的晶格氧进一步发生反应,这也意味着吸附的氢原子将与晶格氧结合,从而形成吸附的羟基$OH_{(ads)}$:

$$H_{(ads)} + O_{o(s)} \longrightarrow V_o^{2+} + 2e^- + OH_{(ads)} \quad (9-8)$$

然后将发生从式(9-4)到式(9-6)的反应过程。这一反应的全过程如图9-3 (c)所示,表达如下:

$$Et_2N—CH_2—CH_{3(ads)} + O_{o(s)} \longrightarrow Et_2N—CH═CH_2 + H_2O + V_o^{2+} + 2e^- \quad (9-9)$$

式中,O_o为晶格氧,$V_o{}^{2+}$为晶格中形成的氧空位,(s)和(ads)分别代表表面位置和被吸附的物种。

当厚膜器件脱离了三乙胺气氛并再次暴露在空气中时,材料表面重新恢复到初始的状态,这一过程如图9-3(d)所示。

综上所述,三乙胺在MoO_3表面上的气敏机理可以理解为在催化氧化的作用下由三乙胺转变为乙烯胺的过程,这一过程决定了材料电导率的变化,从而在气敏测试过程中使得厚膜器件的电阻发生变化。本实验的测试结果显示,MoO_3对三乙胺有很高的灵敏度,其原因可归纳为以下3个因素。首先,现有的有关半导体金属氧化物气体传感器的气敏机理归结为单一的还原性气体和器件的表面吸附氧或是氧化物的晶格氧反应,而在本实验中,

XPS 技术证实了三乙胺的氧化过程由两个过程支配,分别是快速的表面反应和相对较慢的本体反应,这两个过程可以同时进行,这两个过程的共同作用释放出大量的自由电子,从而引起材料电导率发生很大的变化。其次,在式(9-9)的反应过程中,伴随着氧空位的形成,出现了价态较低的钼离子,使得非化学计量的 MoO_3 的电导率高于化学计量的 MoO_3 的电导率。最后,由于 MoO_3 材料的三维多级结构为三乙胺气体提供了更多的活性中心,更有利于三乙胺在其表面的吸附、反应以及电子的转移,使得 MoO_3 对三乙胺有很高的灵敏度。

9.2.2 多级结构 $\alpha-Fe_2O_3/\alpha-MoO_3$ 空心球对三乙胺的气敏机理

采用 XPS 技术分析 $\alpha-Fe_2O_3/\alpha-MoO_3$(6%)厚膜器件在最佳工作温度 170 ℃接触三乙胺气体前后材料表面元素价态的变化,如图 9-4 所示。与纯相 $\alpha-MoO_3$ 材料的测试结果相似,在厚膜器件接触三乙胺气体前,Mo 3d 的两个峰分别位于 232.5 eV 和 235.7 eV,这与 MoO_3 的 Mo^{6+} 相吻合。如图 9-4 (d)所示,在 530.4 eV、531.6 eV 和 533.2 eV 处分别对应了晶格氧、化学吸附氧和羟基氧,其中化学吸附氧在 $\alpha-MoO_3$ 表面复合 $\alpha-Fe_2O_3$ 以后由纯相 $\alpha-MoO_3$ 的 21% 增加到 26%。化学吸附氧的量增加使 $\alpha-Fe_2O_3/\alpha-MoO_3$(6%)厚膜器件比纯相 $\alpha-MoO_3$ 厚膜器件表现出更快的响应速度及对三乙胺气体更低的检测限(响应时间由 6 s 缩短到 2.6 s,最低检测限由 0.1 ppm 降低到 0.01 ppm)。当厚膜器件与 50 ppm 的三乙胺气体接触后,如图 9-4 (b)所示,Mo 3d 的两个峰分别位于 232.3 eV 和 235.5 eV,表明钼的价态没有发生变化,仍为 Mo^{6+}。然而,化学吸附氧的量由未接触三乙胺气体之前的 26% 减少到 19%,说明材料表面的化学吸附氧与三乙胺气体之间发生了氧化还原反应。此外,当三乙胺的浓度增加到 100 ppm 时,如图 9-4 (c)所示,谱图中除了在 232.9 eV 和 235.9 eV 处所对应的 Mo^{6+} 的 Mo $3d_{5/2}$ 和 Mo $3d_{3/2}$ 的峰之外,还发现了在 231.2 eV 和 234.5 eV 处所对应的 Mo $3d_{5/2}$ 和 Mo $3d_{3/2}$ 的峰,这说明了 Mo^{5+} 的存在,且这两个峰的面积较大,表明 $\alpha-Fe_2O_3/\alpha-MoO_3$(6%)厚膜器件与 100 ppm 三乙胺气体接触后,大量 Mo^{6+} 被

还原成 Mo^{5+}，这也是导致 $\alpha-Fe_2O_3/\alpha-MoO_3$(6%)厚膜器件恢复时间较长的原因。同时通过图 9-4(f)也发现，厚膜器件化学吸附氧的量进一步减少到 15%，因此可以推断，在较高的三乙胺气体浓度存在时，复合材料中 MoO_3 的晶格氧同样参与了氧化反应，而且三乙胺气体浓度越高，相应就会有更多的 Mo^{6+} 被还原成 Mo^{5+}。由此可知，复合了 $\alpha-Fe_2O_3$ 的 $\alpha-MoO_3$ 材料对三乙胺的气敏机理与纯相 $\alpha-MoO_3$ 的类似。

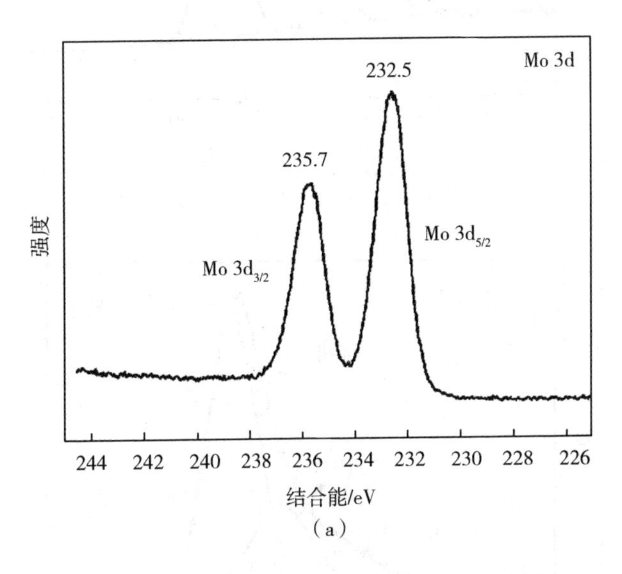

(a)

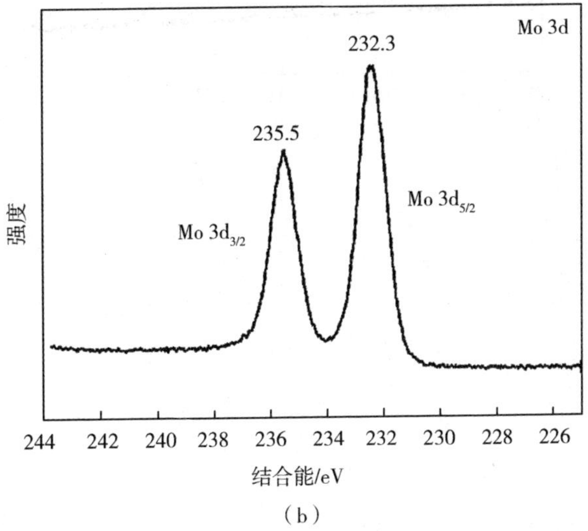

(b)

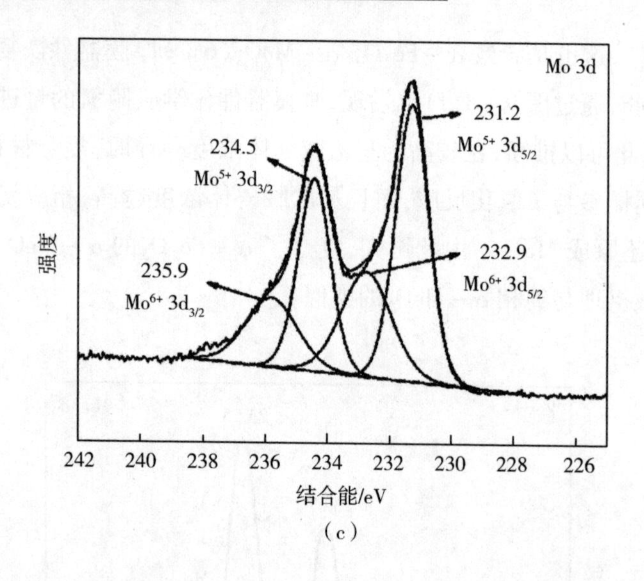
Mo 3d
231.2
Mo5+ 3d5/2
234.5
Mo5+ 3d3/2
232.9
Mo6+ 3d5/2
235.9
Mo6+ 3d3/2
强度
242
240
238
236
234
232
230
228
226
结合能/eV

（c）

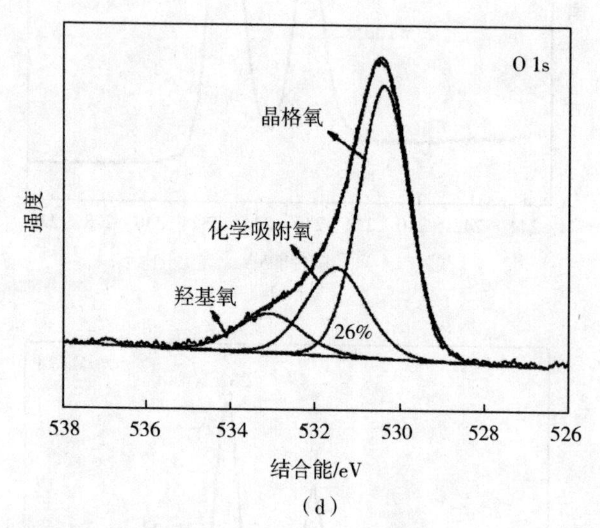
O 1s
晶格氧
化学吸附氧
羟基氧
26%
强度
538
536
534
532
530
528
526
结合能/eV

（d）

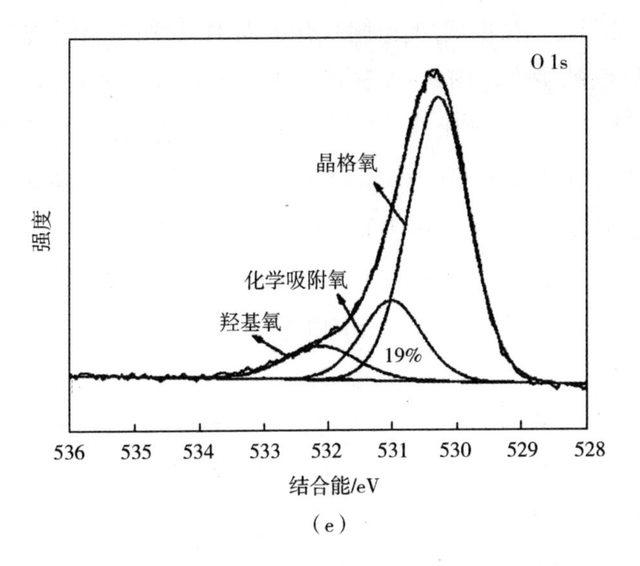

（e）

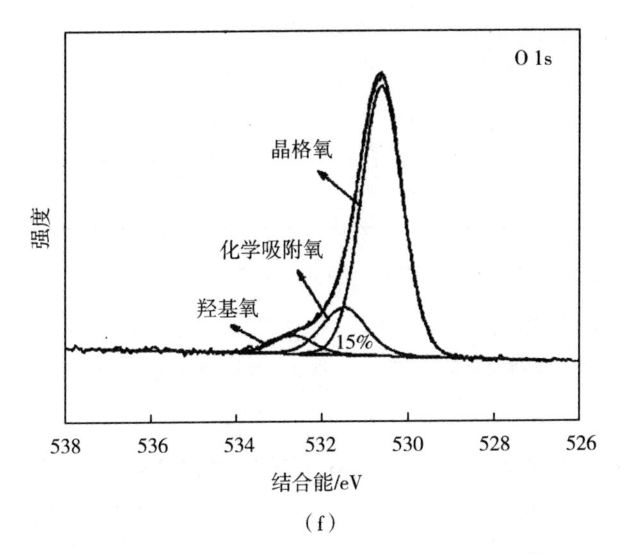

（f）

图9-4　$\alpha-Fe_2O_3/\alpha-MoO_3$（6%）厚膜器件在接触三乙胺气体前后的Mo 3d和O 1s XPS谱图

（a）、（b）**接触前**；（b）、（e）**接触**50 ppm；（c）、（f）**接触**100 ppm

$\alpha-Fe_2O_3/\alpha-MoO_3$复合材料对三乙胺气体的最佳工作温度由纯相的高于200 ℃（花状250 ℃，空心球217 ℃）降低到170 ℃，而且在133 ℃对三乙胺气体也有较好的响应，有关工作温度的降低可以通过有效介质渗流理论来解释。根据这一理论，当复合的物质的量比超过某一量时，电阻变化特别明显,之后随着复合量的增加,电阻变化反而不大,在电阻渗透阈值内,复合材料成为导电的主导。图 9-5 显示了 170 ℃时复合的物质的量比对 $\alpha-Fe_2O_3/\alpha-MoO_3$ 空心球电阻渗透阈值的影响。当复合的物质的量比范围在 4%~11%时,电阻值由 791 MΩ 变化到 266 MΩ,处于电阻渗透阈值内,根据有效介质渗流理论,当 $\alpha-Fe_2O_3$ 复合的物质的量比范围在 4%~11%时,电阻的变化主要是由高导电相 $\alpha-Fe_2O_3$ 引起的,这导致了复合后 $\alpha-Fe_2O_3/\alpha-MoO_3$ 空心球在气敏性能测试中的工作温度比纯相的 $\alpha-MoO_3$ 空心球低。

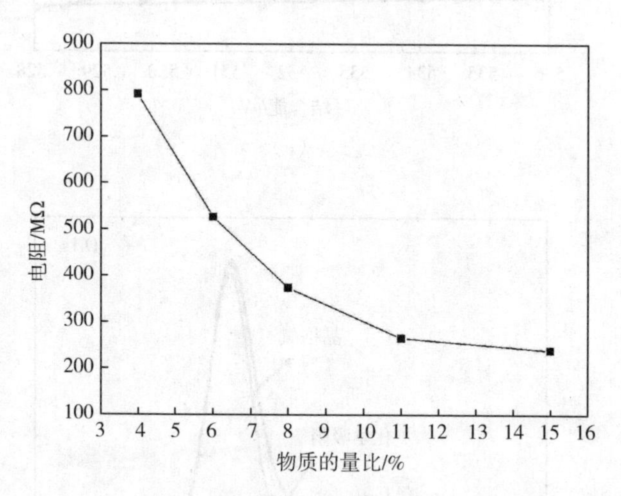

图 9-5 温度工作为 170 ℃时,$\alpha-Fe_2O_3/\alpha-MoO_3$ 厚膜器件的电阻随 Fe 与 Mo 物质的量比的变化图

此外,检测限的降低及响应时间的缩短可以通过形成的多个电子耗尽层来解释。在 $\alpha-MoO_3$ 中复合了 $\alpha-Fe_2O_3$ 以后,在两种材料之间形成了 n-n 异质结,在窄带隙一侧,即 $\alpha-Fe_2O_3$ 一侧形成电子耗尽层。当 $\alpha-Fe_2O_3/\alpha-MoO_3$ 厚膜器件置于空气中时,O_2 很容易吸附在两种金属氧化物表面,并从它们的导带捕获电子,使得 $\alpha-Fe_2O_3$ 和 $\alpha-MoO_3$ 两种氧化物表面均形成了电子耗尽层,形成的多个电子耗尽层使得 $\alpha-Fe_2O_3/\alpha-MoO_3$ 空心球表面有丰富的化学吸附氧,当与三乙胺气体接触时,三乙胺气体能迅速与大量的化学吸附氧发生反应,使响应时间缩短,检测限降低。恢复时间较长还是因为在气体响应过程中有大量的 Mo^{6+} 被还原为 Mo^{5+},而且在相对较低的工作温度(170 ℃)时,致使 Mo^{5+} 被氧化为 Mo^{6+},因此变得更慢。

9.3 Au/α - MoO_3 空心球对苯胺气体的气敏机理

采用 XPS 技术来分析 Au/α - MoO_3(1%)厚膜器件在最佳工作温度 330 ℃接触苯胺气体前后材料表面的变化,如图 9 - 6 所示。在厚膜器件接触苯胺气体前,如图 9 - 6(a)所示,Mo 3d 的两个峰分别位于 232.1 eV 和 235.2 eV,这与 MoO_3 的 Mo^{6+} 相吻合。如图 9 - 6 (d)所示,在 530.2 eV、531.9 eV和 534.1 eV 处分别对应了晶格氧、化学吸附氧和羟基氧,其中化学吸附氧的量在α - MoO_3负载了 Au 以后由纯相 α - MoO_3的 21% 增加到 38%,说明 Au 纳米粒子对 α - MoO_3材料的负载可以有效增加化学吸附氧的量,这是导致 Au/α - MoO_3(1%)厚膜器件对苯胺气体灵敏度提高的主要原因。当厚膜器件与 50 ppm 的苯胺气体接触后,如图 9 - 6 (b)所示,Mo 3d 的两个峰分别位于 232.9 eV 和 236.0 eV,表明钼的价态没有发生变化,仍为 Mo^{6+}。然而,化学吸附氧的量由未接触苯胺之前的 38% 减少到 19%,这一结果也说明了仅仅是材料表面的化学吸附氧与苯胺气体之间发生了氧化还原反应。此外,当苯胺的浓度升高到 100 ppm 时,在图 9 - 6(c)中除了在 232.7 和 235.9 eV 所对应的 Mo^{6+} 的 Mo $3d_{5/2}$ 和 Mo $3d_{3/2}$ 的峰之外,在 231.5 eV 和 234.4 eV 处还发现了 Mo^{5+} 对应的 Mo $3d_{5/2}$ 和 Mo $3d_{3/2}$ 的峰,但这两个峰的面积较小,表明 Au/α - MoO_3(1%)厚膜器件与 100 ppm 苯胺气体接触后,仅有少量 Mo^{6+} 被还原成 Mo^{5+},进一步说明了负载的 Au 纳米粒子在气体响应过程中起到了催化作用,加速了有机胺类气体与化学吸附氧的反应,从而有效降低了与 α - MoO_3本体晶格氧的反应,使 Au/α - MoO_3(1%)厚膜器件的恢复时间缩短。同时通过图 9 - 6(f)也发现,厚膜器件表面的化学吸附氧进一步减少到 16%,因此可以推断,在较高的苯胺气体浓度存在时,MoO_3 中的晶格氧也参与了氧化苯胺的反应,而且苯胺浓度越高,相应就有更多的 Mo^{6+} 被还原成 Mo^{5+}。

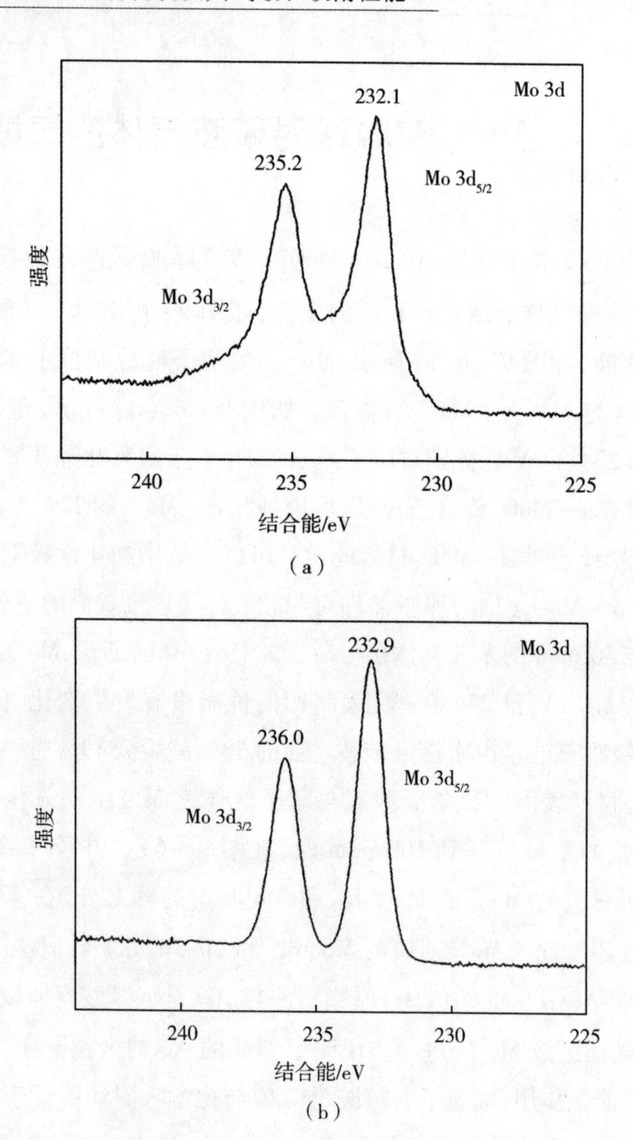

Mo 3d
232.1
235.2
Mo 3d5/2
Mo 3d3/2
强度
240
235
230
225
结合能/eV
（a）
Mo 3d
232.9
236.0
Mo 3d5/2
Mo 3d3/2
强度
240
235
230
225
结合能/eV
（b）

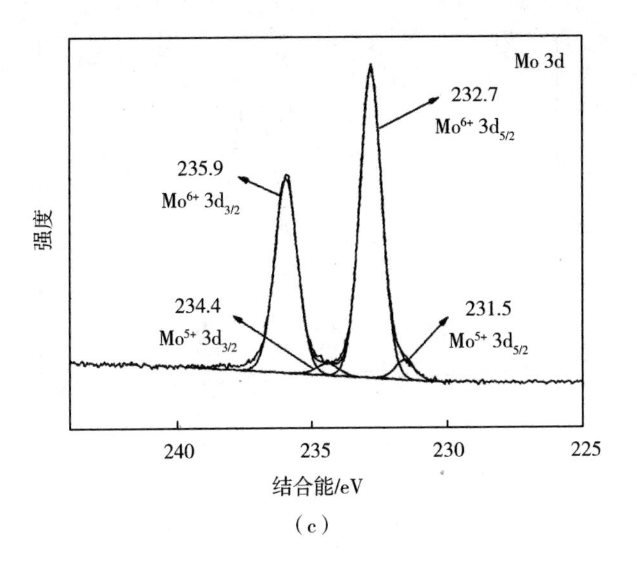
Mo 3d
232.7
Mo6+ 3d5/2
235.9
Mo6+ 3d3/2
234.4
Mo5+ 3d3/2
231.5
Mo5+ 3d5/2
强度
240
235
230
225
结合能/eV

（c）

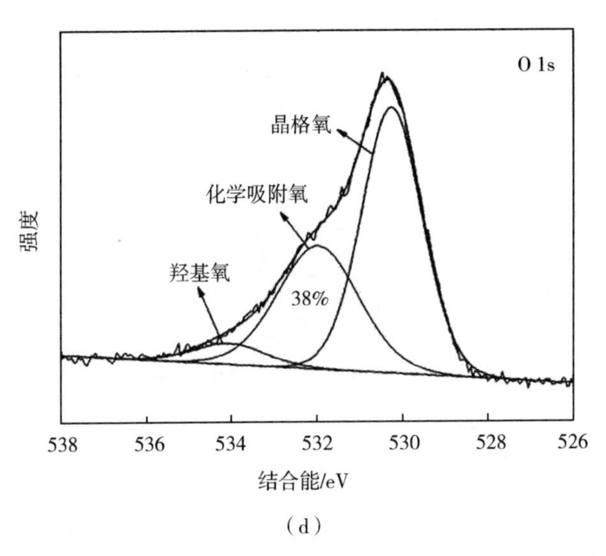
O 1s
晶格氧
化学吸附氧
羟基氧
38%
强度
538
536
534
532
530
528
526
结合能/eV

（d）

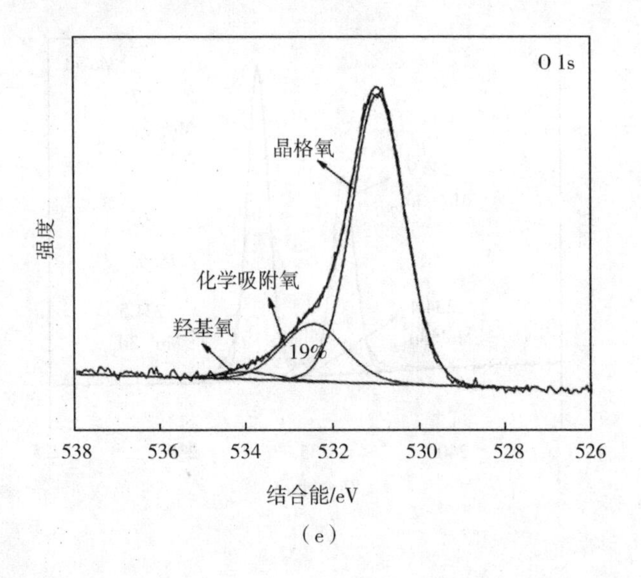

(e)

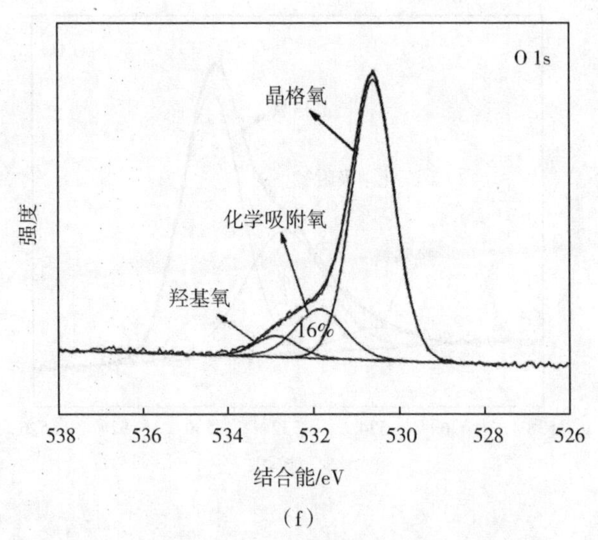

(f)

图 9-6　$Au/\alpha-MoO_3$(1%)厚膜器件在接触苯胺气体前后的 Mo 3d 和 O 1s XPS 谱图

(a)、(b)接触前;(b)、(e)接触 50 ppm;(c)、(f)接触 100 ppm

在研究 $Au/\alpha-MoO_3$(1%)空心球对苯胺气敏机理的过程中,利用 GC-MS 技术对苯胺在 330 ℃接触材料后生成的微量中间产物进行定性分析,结果如图9-7所示。图 9-7(a)为 $Au/\alpha-MoO_3$(1%)厚膜器件与苯胺气体在 330 ℃接触以后气态产物的气相色谱图,苯胺的保留时间为 1.46 min,另一产物的保留时间为 3.04 min,对应的质谱图中核质比为 182,在气相色谱-

质谱仪的谱库中检索后确认其为偶氮苯。因此，推断在气敏性能检测过程中，苯胺与复合材料表面的化学吸附氧和材料的本体晶格氧发生了氧化还原反应，每个苯胺分子的氨基上的两个氢脱掉以后，相互偶联生成偶氮苯。

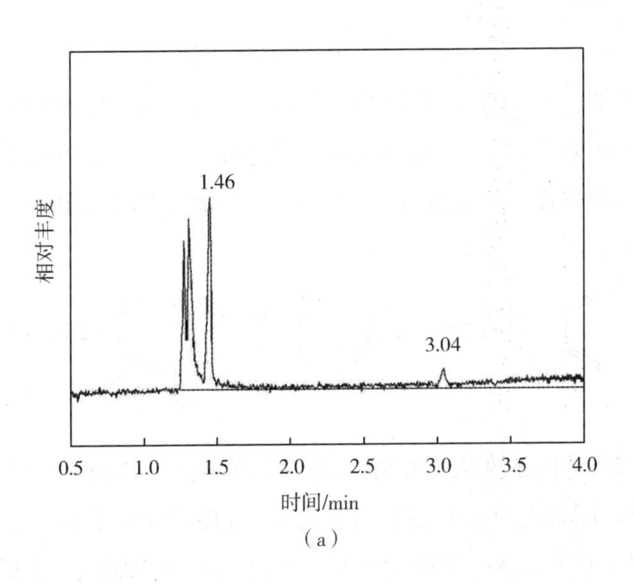

(a)

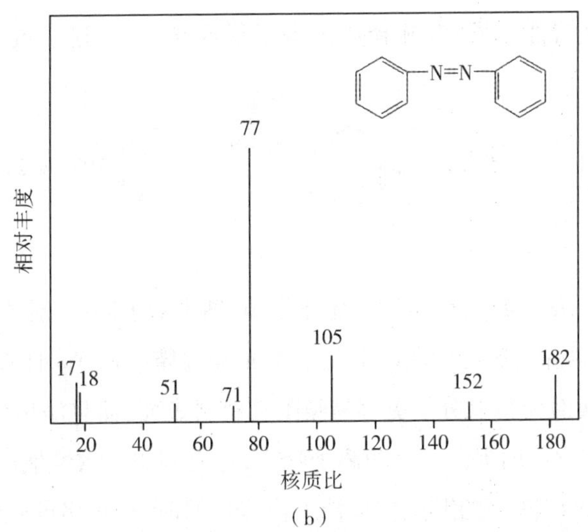

(b)

图9-7 苯胺与 $Au/\alpha-MoO_3$(1%)厚膜器件接触后中间气态产物的(a)气相色谱图和(b)质谱图

基于以上研究，推断 $Au/\alpha-MoO_3$厚膜器件对苯胺的气敏机理如下：

在 330 ℃，当 $Au/\alpha-MoO_3$厚膜器件置于空气中时，氧分子被吸附在材料表面，并从 MoO_3的导带捕获电子形成化学吸附氧，在温度高于 300 ℃时，化学吸附氧主要以 O^{2-} 的形式存在，在材料表面逐渐形成电子耗尽层，此过程见式(9-10)：

$$O_{2(ads)} + 2e^- \longleftrightarrow O^{2-}_{(ads)} \tag{9-10}$$

当厚膜器件与苯胺气体接触后，苯胺气体分子被吸附在厚膜器件表面，负载了 Au 纳米粒子的 $\alpha-MoO_3$空心球的表面形成了大量的化学吸附氧，苯胺与化学吸附氧作用氧化脱氢，生成偶氮苯和水并释放出电子，这一过程如式(9-11)所示：

$$2\,C_6H_5NH_2 + 2O^{2-} \longrightarrow C_6H_5{-}N{=}N{-}C_6H_5 + 2H_2O + 4e^- \tag{9-11}$$

当苯胺气体的浓度逐渐升高时，更多的苯胺分子被吸附在 $Au/\alpha-MoO_3$表面并分解，同时要消耗掉更多的氧离子，这将导致电子耗尽层逐渐变薄，使得苯胺与 MoO_3本体的晶格氧发生反应，本身被氧化脱氢生成偶氮苯，脱掉的氢与晶格氧结合生成水，并释放出电子形成氧空位，这一过程如式(9-12)所示：

$$2\,C_6H_5NH_2 + 2O_0 \longrightarrow C_6H_5{-}N{=}N{-}C_6H_5 + 2H_2O + 2V_0^{2+} + 4e^- \tag{9-12}$$

在本书中，$\alpha-MoO_3$空心球在复合了 Au 纳米粒子以后，对苯胺气体的灵敏度有很大的提高，这可以从以下几个方面来解释：(1) Au 纳米粒子在 $\alpha-MoO_3$表面的负载使得氧分子更容易吸附在材料表面，而且溢出效应使得 Au 纳米粒子的催化作用提高了氧的离子吸附，这有利于气敏性能的改善。(2) 与纯相 $\alpha-MoO_3$空心球相比，在最佳工作 330 ℃时，有更多的化学吸附氧可以在 $\alpha-MoO_3$空心球表面更快地扩散，在导带捕获更多的电子，从而生成更宽的电子耗尽层，而且 Au 纳米粒子有很强的电荷储存功能，可以作为强大的电子给体，这又进一步拓宽了材料表面的电子耗尽层。(3) 由于氧化物与 Au 纳米粒子之间有较强的电子相互作用，电子可能从 MoO_3转移到 Au，Au/

$\alpha-MoO_3$材料的电阻比纯相的高。这可以从 XPS 图中得以验证:负载到 MoO_3 表面的 Au 的 Au $4f_{7/2}$结合能与本体 Au 的相比向低处移动了 0.3 eV,此外(1)中讨论的 $Au/\alpha-MoO_3$材料表面电子耗尽层的拓宽也导致在相同的温度下其电阻值比纯 $\alpha-MoO_3$材料高很多。例如,在 330 ℃, $Au/\alpha-MoO_3$厚膜器件的电阻为 2.1×10^5 MΩ,是纯相 $\alpha-MoO_3$厚膜器件电阻(1.0×10^4 MΩ)的 21 倍。所以,当厚膜器件与苯胺气体接触时,大量的电子被释放回 $\alpha-MoO_3$的导带,使 $Au/\alpha-MoO_3$厚膜器件对苯胺气体表现出很高的灵敏度。(4)现有的"化学敏化"机制提出:贵金属催化剂可以将还原性气体断裂成活性较高的基团,使其在气敏材料表面扩散并与化学吸附氧反应。而随着贵金属 Au 负载量的增加,厚膜器件对苯胺的灵敏度反而降低,这主要是由于厚膜器件对气体的响应主要依赖于气体在气敏材料内部的扩散和反应,从而引起气敏材料电阻的变化,当表面催化活性过度增加,会导致扩散到气敏材料内部区域的气体量减少,即有效的气敏材料的利用率降低,灵敏度随之降低。

此外,在 330 ℃,苯胺气体在 $Au/\alpha-MoO_3$空心球表面的扩散速度较快,而且贵金属 Au 的催化作用加速了苯胺气体和表面大量的化学吸附氧之间的反应,使厚膜器件对苯胺有比较短的响应时间;恢复时间相对较慢可能还是由于部分苯胺气体与 $\alpha-MoO_3$空心球本体的晶格氧发生了反应,使得厚膜器件在恢复过程中,低价的 Mo^{5+}被氧化为高价的 Mo^{6+}仍旧需要一定的时间才能完成。

9.4　$Au/\alpha-MoO_3$ 空心球对甲苯气体的气敏机理

采用 XPS 技术来分析 $Au/\alpha-MoO_3$厚膜器件在最佳工作温度 250 ℃接触甲苯气体前后材料表面的变化,如图 9-8 所示。在器件接触甲苯气体前,如图 9-8(a)所示,Mo 3d 的两个峰分别位于 232.4 eV 和 235.6 eV,这与 MoO_3的 Mo^{6+}相吻合。如图 9-8(c)所示,在 530.0 eV、531.7 eV 和 533.5 eV处分别对应了晶格氧、化学吸附氧和羟基氧,其中化学吸附氧的量在$\alpha-MoO_3$负载了 Au 以后由纯相 $\alpha-MoO_3$的 21% 增加到 36%,说明 Au 纳

米粒子对 $\alpha-MoO_3$ 材料的负载可以有效增加化学吸附氧的量,这是导致 Au/$\alpha-MoO_3$(2%)厚膜器件对甲苯气体灵敏度提高的主要原因。当厚膜器件与100 ppm的甲苯接触后,如图9-8(b)所示,除了在232.8 eV 和236.0 eV处所对应的 Mo^{6+} 的 Mo $3d_{5/2}$ 和 Mo $3d_{3/2}$ 的峰之外,在231.5 eV 和234.3 eV处所还发现了 Mo^{5+} 对应的 Mo $3d_{5/2}$ 和 Mo $3d_{3/2}$ 的峰,但这两个峰的面积较小,表明 Au/$\alpha-MoO_3$(2%)厚膜器件与100 ppm 甲苯气体接触后,仅有少量 Mo^{6+} 被还原成 Mo^{5+},进一步说明了负载的 Au 纳米粒子在气体响应过程中起到了催化作用,加速了苯系类气体与化学吸附氧的反应,从而有效降低了与 $\alpha-MoO_3$ 本体晶格氧的反应,使 Au/$\alpha-MoO_3$ 厚膜器件的恢复时间缩短。同时通过图9-8(d)也发现,厚膜器件表面的化学吸附氧进一步减少到18%,说明 MoO_3 中的晶格氧也参与了氧化甲苯的反应。

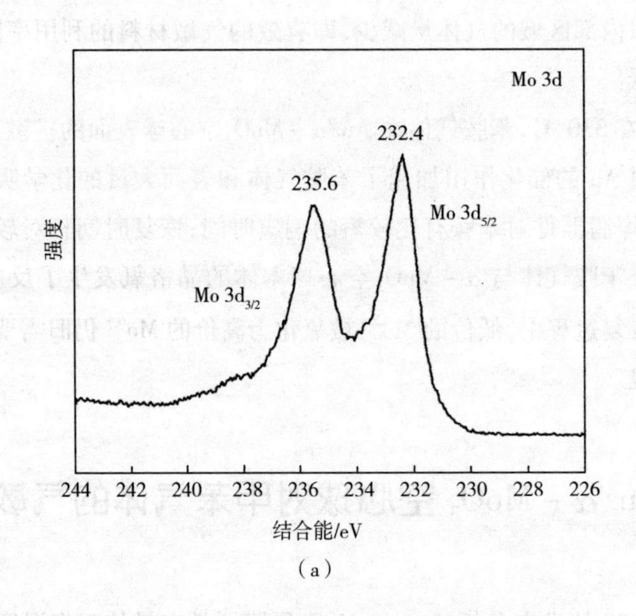

(a)

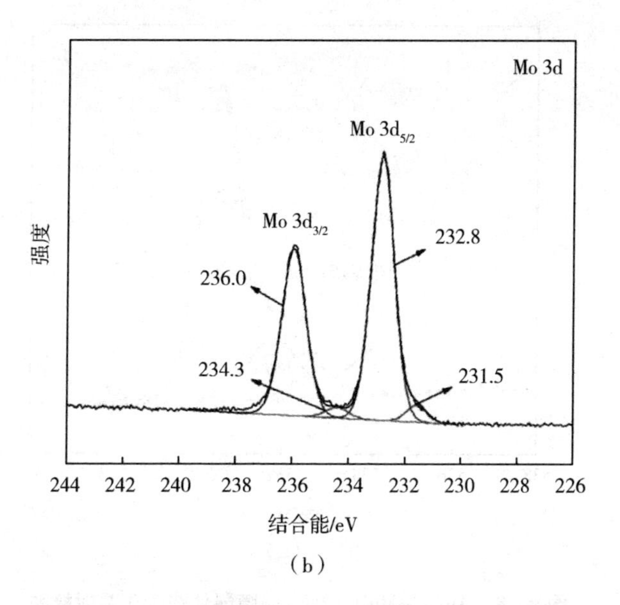

Mo 3d
Mo 3d5/2
Mo 3d3/2
232.8
236.0
234.3
231.5
强度
244
242
240
238
236
234
232
230
228
226
结合能/eV

（b）

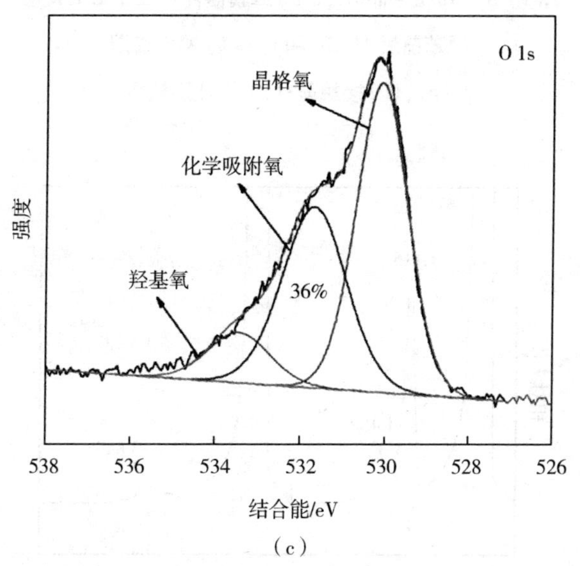

O 1s
晶格氧
化学吸附氧
羟基氧
36%
强度
538
536
534
532
530
528
526
结合能/eV

（c）

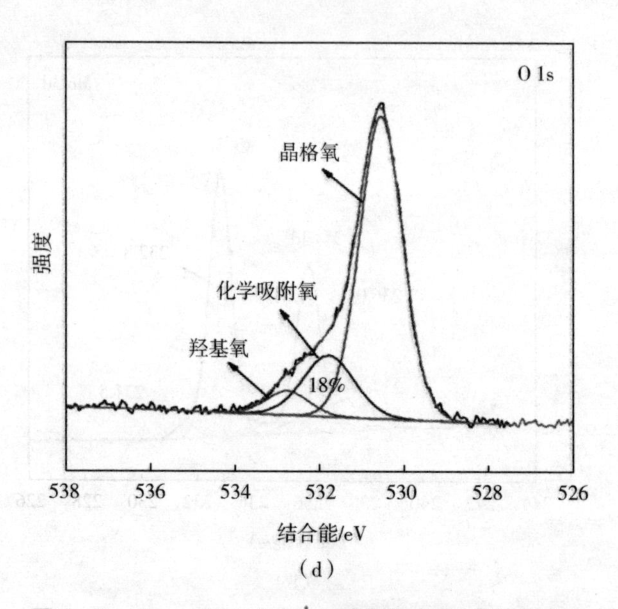

图9-8　Au/α-MoO_3(2%)厚膜器件在250 ℃时接触甲苯前后Mo 3d和O 1s的XPS谱图

(a)、(c)接触前;(b)、(d)接触后

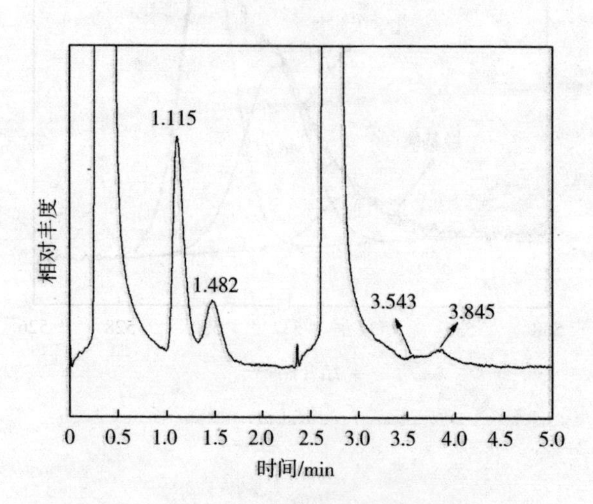

图9-9　Au/α-MoO_3(2%)厚膜器件在250 ℃时接触甲苯后生成的中间产物气相色图谱

在研究Au/α-MoO_3空心球对甲苯的气敏机理的过程中,利用GC-MS技术对甲苯在250 ℃接触材料后生成的微量中间产物进行定性分析,结果如

图9-9所示。甲苯氧化后的保留时间为1.115 min和1.482 min，位置分别对应了H_2O和CO_2，要比室外空气中H_2O和CO_2的吸收峰强度高，说明甲苯氧化后的产物为H_2O和CO_2。

在250 ℃，当$Au/\alpha-MoO_3$厚膜器件置于空气中时，氧分子被吸附在材料表面，并从MoO_3的导带捕获电子形成化学吸附氧，在温度低于300 ℃时，化学吸附氧主要以O^-的形式存在，这一过程如式(9-15)所示，在材料表面逐渐形成电子耗尽层。当厚膜器件与甲苯气体接触后，甲苯气体分子被吸附在厚膜器件表面，负载了Au纳米粒子的$\alpha-MoO_3$空心球的表面形成了大量的化学吸附氧，甲苯与化学吸附氧作用，生成CO_2和H_2O并释放出电子，这一过程如式(9-18)所示：当更多的甲苯分子被吸附在$Au/\alpha-MoO_3$表面并分解，同时要消耗掉更多的氧离子，这将导致电子耗尽层逐渐变薄，使得甲苯与MoO_3本体的晶格氧发生反应，同时生成H_2O和CO_2，并释放出电子形成氧空位，这一过程如式(9-19)所示：

$$O_{2(gas)} \longleftrightarrow O_{2(ads)} \qquad (9-13)$$

$$O_{2(ads)} + e^- \longleftrightarrow O^-_{2(ads)} \ (T < 100℃) \qquad (9-14)$$

$$O^-_{2(ads)} + e^- \longleftrightarrow 2O^-_{(ads)} \ (100℃ < T < 300℃) \qquad (9-15)$$

$$O^-_{(ads)} + e^- \longleftrightarrow O^{2-}_{(ads)} \ (T > 300℃) \qquad (9-16)$$

$$C_6H_5CH_{3(gas)} \longleftrightarrow C_6H_5CH_{3(ads)} \qquad (9-17)$$

$$C_6H_5CH_{3(ads)} + 18O^- \longleftrightarrow 7CO_2 + 4H_2O + 18e^- \qquad (9-18)$$

$$C_6H_5CH_3 + 18O_{o(s)} \longleftrightarrow 7CO_2 + 4H_2O + 36e^- + 18_{V_o^{2+}} \qquad (9-19)$$

9.4　本章小结

1.借助XPS和GC-MS技术探讨了MoO_3、$\alpha-Fe_2O_3/\alpha-MoO_3$及$Au/\alpha-MoO_3$纳米材料对有机胺类气体的气敏机理，将气敏机理归纳为以下两个过程：在有机胺类气体浓度相对较低时，其主要是与表面的化学吸附氧反应，当有机胺类气体浓度升高时，$\alpha-MoO_3$中的晶格氧也参与反应。最终，三乙胺气体在催化氧化的作用下由三乙胺转变为乙烯胺，苯胺则被氧化为偶氮苯。

2. $\alpha-Fe_2O_3$和贵金属 Au 对$\alpha-MoO_3$空心球的修饰有效地增加了材料表面的化学吸附氧的量,同时由于$\alpha-Fe_2O_3$和$\alpha-MoO_3$之间形成的 n－n 异质结以及 Au 的催化作用,改善了复合材料对有机胺类气体的气敏性能。

结　论

本书基于对 MoO_3 的结构和气敏性能的理解，可控合成了不同形貌的多级结构 $\alpha-MoO_3$ 纳米材料，并以改善其气敏性能为目的，设计了适合 $\alpha-MoO_3$ 材料复合的实验方法，分别制备了贵金属（Au）及金属氧化物（$\alpha-Fe_2O_3$）修饰的 $\alpha-MoO_3$ 纳米材料。将合成的 $\alpha-MoO_3$ 及其复合材料组装成厚膜器件，研究了其对有机胺的气敏性能及气敏机理，建立了新型多级结构 MoO_3 基气敏材料的功能导向设计合成、气敏性能测试及气敏机理分析的完整体系。本书的主要研究内容和结论如下：

（1）不使用模板和表面活性剂，通过简单的溶剂热法制备了三维多级结构的花状和空心球状 $\alpha-MoO_3$ 纳米材料，相对于目前报道的其他金属氧化物，两种多级结构 $\alpha-MoO_3$ 材料对三乙胺气体表现出很高的灵敏度及选择性，这主要归因于材料独特的多级结构可以为三乙胺气体提供更多的活性中心，更有利于三乙胺气体在其表面的吸附、反应以及电子的转移，为气体提供有效的扩散通路，避免了气体仅与材料表层的电子耗尽层中的电子反应，实现了目标气体与气敏材料的有效接触。

（2）采用简单的一次溶剂热法合成了不同物质的量比的 $\alpha-Fe_2O_3/\alpha-MoO_3$ 复合空心球。$\alpha-Fe_2O_3$ 的复合有效降低了 $\alpha-MoO_3$ 空心球测试三乙胺气体的工作温度和最低检测限。有效介质渗流理论合理地解释了导致复合材料的最佳工作温度降低的原因：当 $\alpha-Fe_2O_3$ 物质的量比范围在 4%~11% 时，电阻处于电阻渗透阈值内，电阻的变化则由复合相 $\alpha-Fe_2O_3$ 主导。此外，复合 $\alpha-Fe_2O_3$ 后材料的电子耗尽层拓宽，缩短了响应时间，同时降低了对三乙胺气体的检测限。

（3）利用表面活性剂修饰法合成了不同负载质量比的多级结构 $Au/\alpha-MoO_3$ 复合空心球。贵金属 Au 对 $\alpha-MoO_3$ 的负载有效改善了 $\alpha-MoO_3$ 纳米材料对苯胺的气敏性能，主要是因为溢出效应及 Au 纳米粒子的催化性能提高了各类氧（O_2^-、O 和 O^{2-}）在材料表面的离子吸附，而且 Au 纳米粒子有较强的电荷储存功能，可以作为强大的电子给体，进一步拓展材料表面的电子耗尽层，有效提高了α－MoO_3纳米材料对苯胺气体的灵敏度并缩短响应时间；同时，Au 纳米粒子的催化作用有效降低并阻止了三乙胺与α－MoO_3本体晶格氧的反应，缩短了α－MoO_3对三乙胺的恢复时间。

参考文献

[1]KUMAR K Y, ARCHANA S, RAJ T V, et al. Superb adsorption capacity of hydrothermally synthesized copper oxide and nickel oxide nanoflakes towards anionic and cationic dyes[J]. Journal of Science Advanced Materials & Devices, 2017, 2(2): 183 – 191.

[2]JIN Y J, LI N, LIU H Q, et al. Highly efficient degradation of dye pollutants by Ce – doped MoO_3 catalyst at room temperature[J]. Dalton Trans, 2014, 43(34):12860 – 12870.

[3]HOKKANEN S, BHATNAGAR A, SILLANPAA M. A review on modification methods to cellulose – based adsorbents to improve adsorption capacity[J]. Water Res., 2016, 91: 156 – 173.

[4]TIAN P, HAN X Y, NING G L, et al. Synthesis of porous hierarchical MgO and its superb adsorption properties. [J]. Acs Applied Materials & Interfaces, 2013, 5(23):12411 – 12418.

[5]RONG X S, QIU F X, QIN J, et al. A facile hydrothermal synthesis, adsorption kinetics and isotherms to Congo Red azo – dye from aqueous solution of NiO/graphene nanosheets adsorbent[J]. Journal of Industrial & Engineering Chemistry, 2015, 26:354 – 363.

[6]SONG L X, YANG Z K, TENG Y, et al. Nickel oxide nanoflowers: formation, structure, magnetic property and adsorptive performance towards organic dyes and heavy metal ions[J]. Journal of Materials Chemistry A, 2013, 1(31):8731 – 8736.

[7]ZHU D Z, ZHANG J, SONG J M, et al. Efficient one – pot synthesis of hierarchical flower – like α – Fe_2O_3 hollow spheres with excellent adsorption per-

formance for water treatment[J]. Applied Surface Science,2013,284(1): 855 - 861.

[8]LIU B X,WANG J S,WU J S,et al. Controlled fabrication of hierarchical WO_3 hydrates with excellent adsorption performance[J]. Journal of Materials Chemistry A,2014,2: 1947 - 1954.

[9]SEIYAMA T,KATO A,FUJIISHI K. A New Detector for Gaseous Components Using Semiconductive Thin Films[J]. Analytical Chemistry,1966,38(8):1502 - 1503.

[10]ARAFAT M M,DINAN B,AKBAR S A,et al. Gas Sensors Based on One Dimensional Nanostructured Metal - Oxides: A Review[J]. Cheminform,2014,44(6):7207 - 7258.

[11]YAN H H,SONG P,ZHANG S,et al. Facile fabrication and enhanced gas sensing properties of hierarchical MoO_3 nanostructures[J]. RSC Adv.,2015,5: 72728 - 72735.

[12]牛德芳. 半导体传感器原理及其应用[M]. 大连: 理工大学出版社,1993.

[13]SUI L L,XU Y M,ZHANG X F,et al. Construction of three - dimensional flower - like $\alpha - MoO_3$ with hierarchical structure for highly selective triethylamine sensor [J]. Sens. Actuators,B,2015,208: 406 - 414.

[14]MA H,XU Y M,RONG Z M,et al. Highly toluene sensing performance based on monodispersed Cr_2O_3 porous microspheres [J]. Sens. Actuators,B,2012,174: 325 - 331.

[15]YU T T,CHENG X L,ZHANG X F,et al. Highly sensitive H_2S detection sensors at low temperature based on hierarchically structured NiO porous nanowall arrays [J]. *J. Mater. Chem. A*,2015,3: 11991 - 11999.

[16]DENG J N,WANG L L,LOU Z,et al. Fast response/recovery performance of comb - like Co_3O_4 nanostructure[J]. RSC Advances,2014,4(40): 21115 - 21120.

[17]LIU X H, ZHANG J, WU S H,et al. Single crystal $\alpha - Fe_2O_3$ with exposed (104)facets for high performance gas sensor applications[J]. RSC Advan-

ces,2012,2(15):6178 - 6184.

[18] CHU X F, CHEN T Y, ZHANG W B, et al. Investigation on formaldehyde gas sensor with ZnO thick film prepared through microwave heating method [J]. Sensors & Actuators B Chemical, 2009, 142(1):49 - 54.

[19] SUI L L, SONG X X, CHENG X L, et al. An ultraselective and ultrasensitive TEA sensor based on $\alpha - MoO_3$ hierarchical nanostructures and the sensing mechanism[J]. Crystengcomm, 2015, 17(34):6493 - 6503.

[20] ZHANG J, LIU X G, WU S H, et al. Au nanoparticle - decorated porous SnO2 hollow spheres: a new model for a chemical sensor[J]. Journal of Materials Chemistry, 2010, 20(31):6453 - 6459.

[21] SUN P, ZHAO W, CAO Y, et al. Porous SnO_2 hierarchical nanosheets: hydrothermal preparation, growth mechanism, and gas sensing properties[J]. Crystengcomm, 2011, 13(11):3718 - 3724.

[22] KUKKOLA J, MOHL M, LEINO A R, et al. Inkjet - printed gas sensors: metal decorated WO_3 nanoparticles and their gas sensing properties [J]. J. Mater. Chem., 2012, 22: 17878 - 17886.

[23] LIU X H, ZHANG J, WANG LW, et al. 3D hierarchically porous ZnO structures and their functionalization by Au nanoparticles for gas sensors[J]. Journal of Materials Chemistry, 2010, 21(2):349 - 356.

[24] LV Y Z, LI C R, LIN G, et al. Triethylamine gas sensor based on ZnO nanorods prepared by a simple solution route[J]. Sensors & Actuators B Chemical, 2009, 141(1):85 - 88.

[25] SONG P, HAN D, ZHANG H H, et al. Hydrothermal synthesis of porous In_2O_3 nanospheres with superior ethanol sensing properties [J]. Sens. Actuators, B, 2014, 196: 434 - 439.

[26] SONG L X, WANG M, PAN S Z, et al. Molybdenum oxide nanoparticles: preparation, characterization, and application in heterogeneous catalysis [J]. J. Mater. Chem., 2011, 21: 7982 - 7989.

[27] ZHANG F S, HU H B, ZHONG H, et al. Chen. Preparation of $\gamma - Fe_2O_3$@C@ MoO_3 core/shell nanocomposites as magnetically recyclable catalysts for

efficient and selective epoxidation of olefins [J]. Dalton Trans. ,2014,43(16): 6041 - 6049.

[28] KHADEMI A, AZIMIRAD R, ZAVARIAN A A, et al. Moshfegh. Growth and field emission study of molybdenum oxide nanostars [J]. J. Phys. Chem. C,2009,113(44): 19298 - 19304.

[29] WEI G D, QIN W P, ZHANG D S, et al. Synthesis and field emission of MoO_3 nanoflowers by a microwave hydrothermal route [J]. Journal of Alloys & Compounds,2009,481(1 - 2):417 - 421.

[30] HANLON D, BACKES C, HIGGINS T M, et al. Coleman. Production of Molybdenum Trioxide Nanosheets by Liquid Exfoliation and Their Application in High - Performance Supercapacitors [J]. Chem. Mater. ,2014,26: 1751 - 1763.

[31] XUE X Y, CHEN Z H, XING L L, et al. $SnO_2/\alpha - MoO_3$ core - shell nanobelts and their extraordinarily high reversible capacity as lithium - ion battery anodes. [J]. Chemical Communications, 2011, 47 (18): 5205 - 5207.

[32] IBRAHEM M A, WU F Y, MENGISTIE D A, et al. Direct conversion of multilayer molybdenum trioxide to nanorods as multifunctional electrodes in lithium - ion batteries [J]. Nanoscale,2014,6: 5484 - 5490.

[33] CHEN D L, LIU M N, YIN L, et al. Single - crystalline MoO_3 nanoplates: topochemical synthesis and enhanced ethanol - sensing performance [J]. Journal of Materials Chemistry,2011,21(25):9332 - 9342.

[34] WANG L Q, GAO P, BAO D, et al. Synthesis of crystalline/amorphous core/shell MoO_3 composites through a controlled dehydration route and their enhanced ethanol sensing properties [J]. Cryst. Growth Des. ,2014,14(2): 569 - 575.

[35] YAO D D, OU J Z, LATHAM K, et al. Electrodeposited α - and β - phase MoO_3 films and investigation of their gasochromic properties [J]. Crystal Growth & Design,2012,12(4):1865 - 1870.

[36] GAVRILYUK A, TRITTHART U, GEY W. The nature of the photochrom-

ism arising in the nanosized MoO_3 films[J]. Solar Energy Materials and Solar Cells,2011,95(7):1846 - 1851.

[37]LEI Z, YANG X, DONG J,et al. Novel Metastable Hexagonal MoO_3 Nanobelts: Synthesis,Photochromic,and Electrochromic Properties[J]. Chemistry of Materials,2009,21(23):5681 - 5690.

[38]COMINI E, YUBAO L, BRANDO Y,et al. Gas sensing properties of MoO_3 nanorods to CO and CH_3OH[J]. Chemical Physics Letters,2005,407(4 - 6):368 - 371.

[39]PRASAD A K, KUBINSKI D J, GOUMA P I . Comparison of sol - gel and ion beam deposited MoO_3 thin film gas sensors for selective ammonia detection[J]. Sensors & Actuators B Chemical,2003,93(1/3):25 - 30.

[40]ALSAIF M M Y A, BALENDHRAN S, FIELD M R,et al. Two dimensional α - MoO_3 nanoflakes obtained using solvent - assisted grinding and sonication method: Application for H_2 gas sensing[J]. Sensors & Actuators B Chemical,2014,192:196 - 204.

[41]CHO Y H, YOU N K, KANG Y C,et al. Ultraselective and ultrasensitive detection of trimethylamine using MoO_3 nanoplates prepared by ultrasonic spray pyrolysis[J]. Sensors & Actuators B Chemical,2014,195(5):189 - 196.

[42]BARAZZOUK S, TANDON R P, HOTCHANDANI S . MoO_3 - based sensor for NO,NO_2 and CH_4 detection[J]. Sensors & Actuators B Chemical, 2006,119(2):691 - 694.

[43]ILLYASKUTTY N, KOHLER H, TRAUTMANN T,et al. Hydrogen and ethanol sensing properties of molybdenum oxide nanorods based thin films: Effect of electrode metallization and humid ambience[J]. Sensors & Actuators B Chemical,2013,187:611 - 621.

[44]ILLYASKUTTY N, SREEDHAR S, KUMAR G S,et al. Alteration of architecture of MoO_3 nanostructures on arbitrary substrates: growth kinetics,spectroscopic and gas sensing properties [J]. Nanoscale, 2014, 6: 13882 - 13894.

[45] WANG Z Y, MADHAVI S, LOU X W. Ultralong $\alpha-MoO_3$ Nanobelts: Synthesis and Effect of Binder Choice on Their Lithium Storage Properties[J]. The Journal of Physical Chemistry C, 2012, 116(23): 12508 - 12513.

[46] SHAKIR I, SHAHID M, CHEREVKO S, et al. Ultrahigh - energy and stable supercapacitors based on intertwined porous MoO_3 - MWCNT nanocomposites[J]. Electrochimica Acta, 2011, 58(1): 76 - 80.

[47] DEWANGAN K, SINHA N N, SHARMA P K, et al. Synthesis and characterization of single - crystalline $\alpha-MoO_3$ nanofibers for enhanced Li - ion intercalation applications[J]. Crystengcomm, 2011, 13(3): 927 - 933.

[48] GOUMA P, KALYANASUNDARAM K, BISHOP A. Electrospun single - crystal MoO_3 nanowires for biochemistry sensing probes[J]. Journal of Materials Research, 2006, 21(11): 2904 - 2910.

[49] LI S Z, SHAO C L, LIU Y C. Nanofibers and nanoplatelets of MoO_3 via an electrospinning technique [J]. J. Phys. Chem. C Solids, 2006, 67: 1869 - 1872.

[50] ZHOU J, XU N S, DENG S Z, et al. Large - Area Nanowire Arrays of Molybdenum and Molybdenum Oxides: Synthesis and Field Emission Properties [J]. Advanced Materials, 2010, 15(21): 1835 - 1840.

[51] ZHENG L, XU Y, JIN D, et al. Well - aligned molybdenum oxide nanorods on metal substrates: solution - based synthesis and their electrochemical capacitor application [J]. J. Mater. Chem., 2010, 20: 7135 - 7143.

[52] YANG S L, ZHAO W, HU Y M, et al. Highly Responsive Room - Temperature Hydrogen Sensing of $\alpha-MoO_3$ Nanoribbon Membranes [J]. ACS Appl. Mater. Inter., 2015, 7(17): 9247 - 9253.

[53] BAI S L, CHEN S, CHEN L Y, et al. Ultrasonic synthesis of MoO_3 nanorods and their gas sensing properties [J]. Sensors & Actuators B Chemical, 2012, 174: 51 - 58.

[54] MO Y, TAN Z, SUN L, et al. Ethanol - sensing properties of $\alpha-MoO_3$ nanobelts synthesized by hydrothermal method[J]. Journal of Alloys and Compounds, 2020, 812: 152166.

[55] DHANASANKAR M, PURUSHOTHAMAN K K, MURALIDHARAN G . Optical, structural and electrochromic studies of molybdenum oxide thin films with nanorod structure [J]. Solid State Sciences, 2010, 12 (2): 246 – 251.

[56] FERRONI M, GUIDI V, MARTINELLI G, et al. MoO_3 – based sputtered thin films for fast NO_2 detection [J]. Sensors and Actuators B Chemical, 1998, 48(1): 285 – 288.

[57] UTHANNA S, NIRUPAMA R, PIERSON R F . Substrate temperature influenced structural, electrical and optical properties of dc magnetron sputtered MoO_3 films [J]. Applied Surface Science, 2010, 256 (10): 3133 – 3137.

[58] PANDEESWARI R, JEYAPRAKASH B G . Nanostructured α – MoO_3 thin film as a highly selective TMA sensor [J]. Biosensors & Bioelectronics, 2014, 53: 182 – 186.

[59] SHEN S, ZHANG X, CHENG X, et al. Oxygen – vacancy – enriched porous α – MoO_3 nanosheets for trimethylamine sensing [J]. ACS Appl Nano Mater, 2019, 2: 8016 – 8026.

[60] QIN H, CAO Y, XIE J, et al. Solid – state chemical synthesis and xylene – sensing properties of α – MoO_3 arrays assembled by nanoplates [J]. Sensors and Actuators B, 2017 242: 769 – 776.

[61] WANG H K, FU F, ZHANG F H, et al. Hydrothermal synthesis of hierarchical SnO_2 microspheres for gas sensing and lithium – ion batteries applications: Fluoride – mediated formation of solid and hollow structures [J]. Journal of Materials Chemistry, 2012, 22(5): 2140 – 2148.

[62] SONG F, SU H L, CHEN J J, et al. 3D hierarchical porous SnO_2 derived from self – assembled biological systems for superior gas sensing application [J]. J. Mater. Chem., 2012, 22: 1121 – 1126.

[63] ALENEZI M R, HENLEY S J, EMERSON N G, et al. From 1D and 2D ZnO nanostructures to 3D hierarchical structures with enhanced gas sensing properties [J]. Nanoscale, 2014, 6: 235 – 247.

[64] ZHANG H J, WU R F, CHEN Z W, et al. Self – assembly fabrication of 3D flower – like ZnO hierarchical nanostructures and their gas sensing properties[J]. Crystengcomm, 2012, 14(5): 1775 – 1782.

[65] BAI S L, ZHANG K W, WANG L S, et al. Synthesis mechanism and gas – sensing application of nanosheet – assembled tungsten oxide microspheres [J]. Journal of Materials Chemistry A, 2014, 2(21): 7927 – 7934.

[66] SONG H J, JIA X H, QI H, et al. Flexible morphology – controlled synthesis of monodispersea – Fe_2O_3 hierarchical hollow microspheres and their gas – sensing properties [J]. J. Mater. Chem., 2012, 22: 3508 – 3516.

[67] WANG S M, XIAO B X, YANG T Y, et al. Enhanced HCHO gas sensing properties by Ag – loaded sunflower – like In_2O_3 hierarchical nanostructures [J]. Journal of Materials Chemistry A, 2014, 2(18): 6598 – 6604.

[68] GE Y L, KAN K, YANG Y, et al. Highly mesoporous hierarchical nickel and cobalt double hydroxide composite: fabrication, characterization and ultrafast NO_x gas sensors at room temperature[J]. Journal of Materials Chemistry A, 2014, 2(14): 4961 – 4969.

[69] DENG J N, WANG L L, LOU Z, et al. Fast response/recovery performance of comb – like Co_3O_4 nanostructure [J]. RSC Advances, 2014, 4(40): 21115.

[70] KIM H R, CHOI K I, LEE J H, et al. Highly sensitive and ultra – fast responding gas sensors using self – assembled hierarchical SnO_2 spheres[J]. Sensors & Actuators B Chemical, 2009, 136(1): 138 – 143.

[71] CHOI K I, KIM H R, LEE J H. Enhanced CO sensing characteristics of hierarchical and hollow In_2O_3 microspheres[J]. Sensors & Actuators B Chemical, 2009, 138(2): 497 – 503.

[72] ZHANG F H, YANG H Q, XIE X L, et al. Controlled synthesis and gas – sensing properties of hollow sea urchin – like $\alpha - Fe_2O_3$ nanostructures and $\alpha - Fe_2O_3$ nanocubes[J]. Sensors and Actuators B: Chemical, 2009, 141(2): 381 – 389.

[73] WANG Z Q, WANG H F, YANG C, et al. Synthesis of molybdenum oxide

hollow microspheres by ethanol and PEG assisting hydrothermal process [J]. Materials Letters,2010,64(20):2170 - 2172.

[74]DHAS N A, SUSLICK K S . Sonochemical preparation of hollow nanospheres and hollow nanocrystals. [J]. Journal of the American Chemical Society, 2005,127(22):2368 - 2369.

[75]LI G C, JIANG L, PANG S P,et al. Molybdenum trioxide nanostructures: the evolution from helical nanosheets to crosslike nanoflowers to nanobelts. [J]. Journal of Physical Chemistry B,2006,110(48):24472 - 24475.

[76]CAI L L, RAO P M,ZHENG X L. Morphology - controlled flame synthesis of single,branched,and flower - like α - MoO_3 nanobelt arrays. [J]. Nano Letters,2011,11(2):872 - 877.

[77]WANG S T,ZHANG Y G,MA X C,et al. Hydrothermal route to single crystalline α - MoO_3 nanobelts and hierarchical structures [J]. Solid State Commun. ,2005,136: 283 - 287.

[78]LIANG F, SHU Y, WANG A,et al. Template - free synthesis of molybdenum oxide - based hierarchical microstructures at low temperatures[J]. Journal of Crystal Growth,2008,310(21):4593 - 4600.

[79]YU X Y, ZHANG G X, LU Z Y,et al. Green sacrificial template fabrication of hierarchical MoO_3 nanostructures[J]. Crystengcomm,2014,16(19): 3935 - 3939.

[80]MAI L Q, HU B, CHEN W,et al. Lithiated MoO_3 Nanobelts with Greatly Improved Performance for Lithium Batteries[J]. Advanced Materials,2007, 19(21):3712 - 3716.

[81]GAO B, FAN H Q, ZHANG X J. Hydrothermal synthesis of single crystal MoO_3 nanobelts and their electrochemical properties as cathode electrode materials for rechargeable lithium batteries[J]. Journal of Physics & Chemistry of Solids,2012,73(3):423 - 429.

[82]SUN Y X,WANG J,ZHAO B,et al. Binder - free α - MoO_3 nanobelt electrode for lithium - ion batteries utilizing van der Waals forces for film formation and connection with current collector [J]. J. Mater. Chem. A,2013,

1: 4736 – 4746.

[83] RILEY L A, LEE S H, GEDVILIAS L, et al. Optimization of MoO_3 nanoparticles as negative – electrode material in high – energy lithium ion batteries [J]. Journal of Power Sources, 2010, 195(2): 588 – 592.

[84] TAO T, GLUSHENKOV A M, ZHANG C, et al. MoO_3 nanoparticles dispersed uniformly in carbon matrix: A high capacity composite anode for Li – ion batteries [J]. Journal of Materials Chemistry, 2011, 21 (25): 9350 – 9355.

[85] CHEN Y, LU C L, XU L, et al. Single – crystalline orthorhombic molybdenum oxide nanobelts: synthesis and photocatalytic properties [J]. CrystEng Comm, 2010, 12: 3740 – 3747.

[86] CHITHAMBARARAJ A, SANJINI N S, VELMATHI S, et al. Preparation of h – MoO_3 and α – MoO_3 nanocrystals: comparative study on photocatalytic degradation of methylene blue under visible light irradiation. [J]. Physical Chemistry Chemical Physics, 2013, 15(35): 14761 – 14769.

[87] RAZMYAR S, SHENG T, AKTER M, et al. Low – temperature photocatalytic hydrogen addition to two – dimensional MoO_3 nanoflakes from isopropyl alcohol for enhancing solar energy harvesting and conversion [J]. ACS Appl Nano Mater, 2019, 2: 4180 – 4192.

[88] YAN Y, SHEN Y, ZHAO L. Synthesis and photochromic properties of EDTA – induced MoO_3 powder [J]. Mater. Res. Bull., 2011, 46: 1648 – 1653.

[89] SHEN Y, RONG H, CAO Y Y, et al. Synthesis and photochromic properties of formaldehyde – induced MoO_3 powder [J]. Materials Science & Engineering B, 2010, 172(3): 237 – 241.

[90] ABDOLLAHI S N, NADERI M, AMOABEDINY G. Synthesis and characterization of hollow gold nanoparticles using silica spheres as templates [J]. Colloids & Surfaces A Physicochemical & Engineering Aspects, 2013, 436: 1069 – 1075.

[91] XIU Z L, WU Y Z, HAO X P, et al. Fabrication of SiO_2@ Ag@ SiO_2 core –

shell microspheres and thermal stability investigation[J]. Colloids & Surfaces A Physicochemical & Engineering Aspects, 2011, 386 (1 - 3): 135 - 140.

[92]SEMENOVA A A, GOODILIN E A, BRAZHE N A, et al. Silica microsphere decoration with silver nanoparticles by an impregnation and reduction technique[J]. Mendeleev Communications, 2011, 21(2): 77 - 79.

[93]WANG W C, JIANG Y, LIAO Y, et al. Fabrication of silver - coated silica microspheres through mussel - inspired surface functionalization[J]. Journal of Colloid & Interface Science, 2011, 358(2): 567 - 574.

[94]LUO N, MAO L X, JIANG L Z, et al. Directly ultraviolet photochemical deposition of silver nanoparticles on silica spheres: Preparation and characterization[J]. Materials Letters, 2009, 63(1): 154 - 156.

[95]YUASA M, KIDA T, SHIMANOE K. Preparation of a stable sol suspension of Pd - loaded SnO nanocrystals by a photochemical deposition method for highly sensitive semiconductor gas sensors. [J]. Acs Applied Materials & Interfaces, 2012, 4(8): 4231 - 4236.

[96]LI Y G, QIAO L, DONG Y, et al. Preparation of Au - sensitized 3D hollow SnO_2 microspheres with an enhanced sensing performance[J]. Journal of Alloys and Compounds, 2014, 586(586): 399.

[97]WANG L L, ZHENG L, TENG F, et al. Enhanced acetone sensing performances of hierarchical hollow Au - loaded NiO hybrid structures[J]. Sensors & Actuators B Chemical, 2012, 161(1): 178 - 183.

[98]XU X J, FAN H T, LIU Y T, et al. Au - loaded In_2O_3 nanofibers - based ethanol micro gas sensor with low power consumption[J]. Sensors & Actuators B Chemical, 2011, 160(1): 713 - 719.

[99]WANG L, WANG S, FU H, et al. Synthesis of Au nanoparticles functionalized 1D α - MoO_3 nanobelts and their gas sensing properties[J]. Brief Reports and Reviews, 2018, 1850115: 1 - 10.

[100]ARACHCHIGE H M, ZAPPA D, POLI N, et al. Gold functionalized MoO_3 nano flakes for gas sensing applications[J]. Sensors and Actuators B:

Chemical 2018,269: 331 - 339.

[101] BAI H, YE F, LV Q, et al. An in situ and general preparation strategy for hybrid metal/semiconductor nanostructures with enhanced solar energy utilization efficiency [J]. J. Mater. Chem. A, 2015, 3: 14550 - 14555.

[102] SHAO K, WANG H. Insertion of Ag atoms into layered MoO_3 via a template route [J]. Materials Research Bulletin, 2012, 47(11): 3927 - 3930.

[103] WANG Y X, ZHANG X, LUO Z M, et al. Liquid - phase growth of platinum nanoparticles on molybdenum trioxide nanosheets: an enhanced catalyst with intrinsic peroxidase - like catalytic activity [J]. Nanoscale Cambridge, 2014, 6: 12340 - 12344.

[104] SHI S, LIU Y, CHEN Y, et al. Ultrahigh ethanol response of SnO_2 nanorods at low working temperature arising from La_2O_3 loading [J]. SENSORS AND ACTUATORS B, 2009, 140: 426 - 431.

[105] KONG X, LI Y. High sensitivity of CuO modified SnO_2 nanoribbons to H_2S at room temperature [J]. Sens. Actuators, B, 2005, 105: 449 - 453.

[106] PARK J A, J MOON, LEE S J, et al. SnO_2 ZnO hybrid nanofibers - based highly sensitive nitrogen dioxides sensor [J]. SENSORS AND ACTUATORS B, 2010, 145: 592 - 595.

[107] SELVARAJ M, SHANTHI K, MAHESWARI R, et al. Hydrodeoxygenation of Guaiacol over MoO_3 - NiO/Mesoporous Silicates: Effect of Incorporated Heteroatom [J]. Energy & Fuels, 2014, 28: 2598 - 2607.

[108] JIN Y J, LI N, LIU H Q, et al. Highly efficient degradation of dye pollutants by Ce - doped MoO_3 catalyst at room temperature [J]. Dalton Trans, 2014, 43(34): 12860 - 12870.

[109] PENG Y, QU R Y, ZHANG X Y, et al. The relationship between structure and activity of MoO_3 - CeO_2 catalysts for NO removal: influences of acidity and reducibility [J]. Chemical Communications, 2013, 49: 6215 - 6217.

[110] ROUSSEAU R, DIXON D A, KAY B D, et al. Dehydration, dehydrogenation, and condensation of alcohols on supported oxide catalysts based on

cyclic (WO_3)$_3$ and (MoO_3)$_3$ clusters[J]. Chemical Society Reviews, 2014,43: 7664 - 7680.

[111]WANG J S,LI X,ZHANG S F,et al. Facile synthesis of ultrasmall monodisperse "raisin - bun" - type MoO_3/SiO_2 nanocomposites with enhanced catalytic properties[J]. Nanoscale,2013,5(11):4823 - 4828.

[112]LIU G, ZHANG Q, HAN Y,et al. Selective oxidation of dimethyl ether to methyl formate over trifunctional MoO_3 - SnO_2 catalyst under mild conditions[J]. Green Chemistry,2013,15: 1501 - 1504.

[113]YU H L, LI L, GAO X M,et al. Synthesis and H_2S gas sensing properties of cage - like α - MoO_3/ZnO composite[J]. Sensors & Actuators B Chemical,2012,171 - 172:679 - 685.

[114]CHEN Y J,XIAO G,WANG T S,et al. α - MoO_3/TiO_2 core/shell nanorods: Controlled - synthesis and low - temperature gas sensing properties [J]. Sensors & Actuators B Chemical,2011,155(1):270 - 277.

[115]WANG T S,WANG Q S,ZHU C L,et al. Synthesis and enhanced H_2S gas sensing properties of α - MoO_3/CuO p - n junction nanocomposite[J]. Sensors and Actuators B Chemical,2012,171 - 172:256 - 262.

[116]ILLYASKUTTY N,KOHLER H,TRAUTMANN T,et al. Enhanced ethanol sensing response from nanostructured MoO_3:ZnO thin films and their mechanism of sensing[J]. Journal of Materials Chemistry C,2013,1(25): 3976 - 3984.

[117]BAI S,CHEN C,ZHANG D,et al. Intrinsic characteristic and mechanism in enhancing H_2S sensing of Cd - doped α - MoO_3 nanobelts [J]. Sens. Actuators,B,2014,204,754 - 762.

[118]NADIMICHERLA R, LI H Y, TIAN K,et al. SnO_2 doped MoO_3 nanofibers and their carbon monoxide gas sensing performances[J]. Solid State Ionics,2017,300:128 - 134.

[119]LI J T, LIU H J, FU H,et al. Synthesis of 1D α - MoO_3/0D ZnO heterostructure nanobelts with enhanced gas sensing properties[J]. Journal of Alloys and Compounds,2019,5(788):248 - 256.

[120] XU K, DUAN S L, TANG Q, et al. P – N heterointerface – determined acetone sensing characteristics of $\alpha - MoO_3$ @ NiO core@ shell nanobelts [J]. CrystEngComm, 2019, 21(38): 5834 – 5844.

[121] YANG J, LIU J Q, LI B H, et al. A microcube – like hierarchical heterostructure of $\alpha - Fe_2O_3$@$\alpha - MoO_3$ for trimethylamine sensing, Dalton Trans., 2020, 49, 8114 – 8121.

[122] ZHANG S, SONG P, ZHANG J, et al. In_2O_3 – functionalized MoO_3 heterostructure nanobelts with improved gas – sensing performance, RSC Adv., 2016, 6, 50423 – 50430.

[123] CHU X, LIANG S, CHEN T. Trimethylamine sensing properties of CdO – Fe_2O_3 nano – materials prepared using co – precipitation method in the presence of PEG400 [J]. Mater. Chem. Phys., 2010, 123: 396 – 400.

[124] LEE C S, KIM I D, LEE J H. Selective and sensitive detection of trimethylamine using ZnO – In_2O_3 composite nanofibers [J]. SENSORS AND ACTUATORS B, 2013, 181: 463 – 470.

[125] KIM K M, CHOI K I, JEONG H M, et al. Highly sensitive and selective trimethylamine sensors using Ru – doped SnO_2 hollow spheres [J]. Sensors & Actuators B Chemical, 2012, 166 – 167: 733 – 738.

[126] Liu X, Song H, Jing H, et al. A cataluminescence gas sensor for triethylamine based on nanosized LaF_3 – CeO_2 [J]. Sensors & Actuators B Chemical, 2012, 169: 261 – 266.

[127] XIE Y J, DU J P, ZHAO R H, et al. Facile synthesis of hexagonal brick – shaped SnO_2 and its gas sensing toward triethylamine [J]. Journal of Environmental Chemical Engineering, 2013, 1(4): 1380 – 1384.

[128] ZHANG W H, ZHANG W D. Fabrication of SnO_2 – ZnO nanocomposite sensor for selective sensing of trimethylamine and the freshness of fishes [J]. Sensors and Actuators B: Chemical, 2008, 134(2): 403 – 408.

[129] WU M Z, ZHANG X F, GAO S, et al. Construction of monodisperse vanadium pentoxide hollow spheres via a facile route and triethylamine sensing property [J]. Crystengcomm, 2013, 15(46): 10123 – 10131.

[130]Nal A . A review: Current analytical methods for the determination of biogenic amines in foods - ScienceDirect[J]. Food Chemistry, 2007, 103(4):1475-1486.

[131]CHAN S T, YAO M Y, WONG Y C, et al. Evaluation of chemical indicators for monitoring freshness of food and determination of volatile amines in fish by headspace solid-phase microextraction and gas chromatography-mass spectrometry. Eur. Food Res. Technol. ,2006,224: 67-74.

[132]LIU H J, LU W C . Optical amine sensor based on metallophthalocyanine [J]. Journal of the Chinese Institute of Chemical Engineers, 2007, 38(5-6):483-488.

[133]WANG H C, CAO X H, YUAN M Y, et al. A composite of polyelectrolyte-grafted multi-walled carbon nanotubes and in situ polymerized polyaniline for the detection of low concentration triethylamine vapor. [J]. Nanotechnology, 2008, 19(1):292-294.

[134] LV Y Z, LI C R, LIN G, et al. Triethylamine gas sensor based on ZnO nanorods prepared by a simple solution route[J]. Sensors & Actuators B Chemical, 2009, 141(1):85-88.

[135]WANG D, CHU X F, GONG M . Gas-sensing properties of sensors based on single-crystalline SnO_2 nanorods prepared by a simple molten-salt method[J]. SENSORS AND ACTUATORS B, 2006, 117: 183-187.

[136]CHU X F, JIANG D L, YU G, et al. Ethanol gas sensor based on $CoFe_2O_4$ nano-crystallines prepared by hydrothermal method[J]. Sensors & Actuators B Chemical, 2006, 120(1):177-181.

[137]Chu X F, Jiang D L, Zheng C M. The Preparation and Gas-Sensing Properties of $NiFe_2O_4$ Nanocubes and Nanorods[J]. Sensors & Actuators B Chemical, 2007, 123(2):793-797.

[138]MORALES-TORRES S, SILVA A, MALDONADO-HÓDAR F J, et al. Pt-catalysts supported on activated carbons for catalytic wet air oxidation of aniline: Activity and stability[J]. Applied Catalysis B Environmental, 2011, 105(1-2):86-94.

[139] SPATARU T, SPATARU N, FUJISHIMA A. Detection of aniline at boron-doped diamond electrodes with cathodic stripping voltammetry [J]. Talanta, 2007, 73(2): 404 – 406.

[140] WELLNER T, LÜERSEN L, SCHALLER K H, et al. Percutaneous absorption of aromatic amines – A contribution for human health risk assessment [J]. Food and Chemical Toxicology, 2008, 46(6): 1960 – 1968.

[141] NAL A. A review: Current analytical methods for the determination of biogenic amines in foods – ScienceDirect [J]. Food Chemistry, 2007, 103 (4): 1475 – 1486.

[142] TAKULAPALLI B R, LAWS G M, LIDDELL P A, et al. Electrical Detection of Amine Ligation to a Metalloporphyrin via a Hybrid SOI – MOSFET [J]. Journal of the American Chemical Society, 2008, 130 (7): 2226 – 2233.

[143] STUMPEL J E, WOUTERS C, HERZER N, et al. An optical sensor for volatile amines based on an inkjet – printed, hydrogen – bonded, cholesteric liquid crystalline film [J]. Advanced Optical Materials, 2014, 2(5): 403 – 403.

[144] OBERG K I, HODYSS R, BEAUCHAMP J L. Simple optical sensor for amine vapors based on dyed silica microspheres [J]. Sensors & Actuators B Chemical, 2006, 115(1): 79 – 85.

[145] LEI C S, PI M, CHENG B, et al. Fabrication of hierarchical porous ZnO/NiO hollow microspheres for adsorptive removal of Congo red [J]. Appl Surf Sci, 2018, 435: 1002 – 1010.

[146] CHEN H, WAGEH S, AL – GHAMDI A A, et al. Hierarchical C/NiO – ZnO Nanocomposite Fibers with Enhanced Adsorption Capacity for Congo Red [J]. J. Colloid Inter Sci, 2019, 537: 736 – 745.

[147] DHANAVEL S, NIVETHAA E K, DHANAPAL K, et al. α – MoO_3/Polyaniline Composite for Effective Scavenging of Rhodamine B, Congo Red and Textile Dye Effluent [J]. RSC Adv, 2016, 6(34): 28871 – 28886.

[148] ZHANG J J, CUI F, XU L X, et al. Construction of Magnetic NiO/C Nano-

sheets Derived from Coordination Polymers for Extraordinary Adsorption of Dyes [J]. J. Colloid Inter Sci,2020,561: 542 - 550.

[149]LEI C S,ZHU X F,ZHU B C,et al. Superb Adsorption Capacity of Hierarchical Calcined Ni/Mg/Al Layered Double Hydroxides for Congo Red and Cr(VI)Ions [J]. J Hazard Mater,2017,321: 801 - 811.

[150]REGTI A,AYOUCHIA H,LAAMARI M R,et al. Experimental and Theoretical Study Using DFT Method for the Competitive Adsorption of Two Cationic Dyes from Wastewaters [J]. Appl Surf Sci,2016,390: 311 - 319.

[151]RONG X S, QIU F X, QIN J,et al. A facile hydrothermal synthesis,adsorption kinetics and isotherms to Congo Red azo - dye from aqueous solution of NiO/graphene nanosheets adsorbent[J]. Journal of Industrial & Engineering Chemistry,2015,26:354 - 363.

[152]MA J, YU F, ZHOU L,et al. Enhanced Adsorptive Removal of Methyl Orange and Methylene Blue from Aqueous Solution by Alkali - Activated Multiwalled Carbon Nanotubes[J]. Acs Appl Mater Interfaces,2012,4(11):5749 - 5760.

[153]LIU T X,LIB X,HAOY G,et al. MoO_3 - nanowire membrane and $Bi_2Mo_3O_{12}/MoO_3$ nano - heterostructural photocatalyst for wastewater treatment [J]. Chem. Eng. J. ,2014,244: 382 - 390.

[154]NAOUEL R, TOUATI F, GHARBI N . Low temperature crystallization of a stable phase of microspherical MoO_2[J]. Solid State Sciences,2010,12(7):1098 - 1102.

[155]JIANG J B, LIU J L, PENG S J,et al. Facile synthesis of α - MoO_3 nanobelts and their pseudocapacitive behavior in an aqueous Li_2SO_4 solution [J]. Journal of Materials Chemistry A,2012,1.

[156]Lee J H . Gas Sensors Using Hierarchical and Hollow Oxide Nanostructures: Overview[J]. Sensors and Actuators B Chemical,2009,140(1): 319 - 336.

[157]LIU W Z,QIN C G,XIAO W M,et al. Preparation of hol1ow layered MoO_3 microspheres through a resin template approach [J]. J. Solid Stale

Chem. ,2005,178: 390 - 394.

[158] LI Y B, BANDO Y. Quasi - aligned MoO_3 nanotubes grown on Ta substrate. [J]. Chem. Phys. Lett. ,2002,364: 484 - 488.

[159] HU J, CHEN M, FANG X S, et al. Fabrication and application of inorganic hollow spheres [J]. Chemical Society Reviews, 2011, 40 (11): 5472 - 5491.

[160] ZHANG X F, SONG X X, GAO S, et al. Facile synthesis of yolk - shell MoO_2 microspheres with excellent electrochemical performance as a Li - ion battery anode [J]. Journal of Materials Chemistry A, 2013, 1 (23): 6858 - 6864.

[161] LEI C, PI M, JIANG C, et al. Synthesis of hierarchical porous zinc oxide (ZnO) microspheres with highly efficient adsorption of Congo red [J]. Journal of Colloid & Interface Science, 2017, 490: 242 - 251.

[162] XU J, XU D F, ZHU B C, et al. Adsorptive removal of an anionic dye Congo red by flower - like hierarchical magnesium oxide (MgO) - graphene oxide composite microspheres [J]. Applied Surface Science, 2018, 435: 1136 - 1142.

[163] CHENG B, YAO L, CAI W Q, et al. Synthesis of hierarchical $Ni(OH)_2$ and NiO nanosheets and their adsorption kinetics and isotherms to Congo red in water. [J]. Journal of Hazardous Materials, 2011, 185 (2 - 3): 889 - 897.

[164] Gu Y X, Wang H L, Xuan Y X, et al. General synthesis of metal oxide hollow core - shell microspheres as anode materials for lithium - ion batteries and as adsorbents for wastewater treatment [J]. Crystengcomm, 2017, 19(9): 1311 - 1319.

[165] 邓后勤,夏延斌,邓友光,等. 三甲胺测定方法的研究进展[J]. 食品与发酵工业,2005,31(12):84 - 88.

[166] PANDEESWARI R, JEYAPRAKASH B G. Nanostructured $\alpha - MoO_3$ thin film as a highly selective TMA sensor [J]. Biosens Bioelectron, 2014, 53: 182 - 186.

[167]SUNU S S, PRABHU E, JAYARAMAN V, et al. Electrical conductivity and gas sensing properties of MoO_3[J]. Sensors & Actuators B Chemical, 2004, 101(1/2):161 - 174.

[168]CHENG X L, RONG Z M, ZHANG X F, et al. In situ assembled ZnO flower sensors based on porous nanofibers for rapid ethanol sensing[J]. Sensors and Actuators, 2013, 188:425 - 432.

[169]FUENTE J R, JULLIAN C, SAITZ C, et al. Unexpected formation of 1 - diethylaminobutadiene in photosensitized oxidation of triethylamine induced by 2,3 - dihydro - oxoisoaporphine dyes. A 1H NMR and isotopic exchange study [J]. J. Org. Chem., 2005, 70: 8712 - 8716.

[170]CHU X F, CHEN T Y, ZHANG W B, et al. Investigation on formaldehyde gas sensor with ZnO thick film prepared through microwave heating method [J]. Sensors & Actuators B Chemical, 2009, 142(1):49 - 54.

[171]CHEN X J, CHAN S H, KHOR K A. Simulation of a composite cathode in solid oxide fuel cells [J]. Electrochimica Acta, 2004, 49 (11): 1851 - 1861.

[172]WANG L W, WANG S R, XU M J, et al. A Au - functionalized ZnO nanowire gas sensor for detection of benzene and toluene[J]. Physical Chemistry Chemical Physics Pccp, 2013, 15(40):17179 - 17186.

[173]XING R Q, LI Q L, XIA L, et al. Au modified three - dimensional In_2O_3 inverse opals: synthesis and improved performance for acetone sensing toward diagnosis of diabetes[J]. Nanoscale, 2015, 7(30):13051 - 13060.

[174]LI X W, FENG W, XIAO Y, et al. Hollow zinc oxide microspheres functionalized by Au nanoparticles for gas sensors[J]. RSC Advances, 2014, 4(53):28005 - 28010.